根本から知って使いたい！

いまどきパソコン & Windows 10 は こんなふうにできている

唯野 司 著

技術評論社

注 意 ご購入・ご利用の前に必ずお読みください

- 本書に記載された内容は、情報の提供のみを目的としています。したがって、本書を用いた運用は、必ずお客様自身の責任と判断によって行ってください。これらの情報の運用の結果について、技術評論社および著者はいかなる責任も負いません。

- 本書記載の情報は 2018 年 1 月現在のものを掲載しておりますが、ご利用時には変更されている場合もあります。ソフトウェアに関する記述は、特に断りのない限り、2018 年 1 月現在でのバージョンの最新アップデートをもとにしています。ソフトウェアはアップデートされる場合があり、本書での説明とは機能内容や画面図などが異なってしまうこともあり得ます。あらかじめご了承ください。

- 本書は、以下の環境で動作を確認しており、本書掲載画面も以下のバージョンを採用しております。お使いの機種やアップグレードの状況によっては、画面図に違いのある場合もございます。

  Windows10 Fall Creators Update

- インターネットの情報については URL や画面等が変更されている可能性があります。ご注意ください。

以上の注意事項をご了承いただいた上で、本書をご利用願います。これらの注意事項をお読みいただかずにお問い合わせいただいても、技術評論社および著者は対処しかねます。あらかじめご承知おきください。

商標について

- Microsoft、MS、Windows は米国 Microsoft 社の登録商標または商標です。その他、本書に掲載されている会社名および製品名などは、それぞれ各社の商標または登録商標、商品名です。なお、本文中では、™マーク、®マークは明記しておりません。

はじめに　パソコンは好きですか？

　このように質問されたら、あなたは何と答えますか？「仕事に使う機械だから、好きとか嫌いとか考えたことなんかありません」「インターネットで調べものをするときには便利だと思う」「この頃は、パソコンよりもスマホのほうが好きですね」という答えが多く、最近は"パソコンが好きだ"という人には、なかなか巡り会えないな──と、感じています。

　これは一昔前に比べて、パソコンの性能がアップし、誰もがトラブルなく操作できる機械へと進化したことにより、パソコン本体に関心を持つ人が少なくなったためでしょう。テレビや冷蔵庫などの家電製品のように、パソコンも特に知識を必要としない"目的を果たすための便利な道具"といった位置づけに近づいています。

　そして本格的なインターネット時代を迎え、まるで水道の蛇口を開けると水が流れ出してくるように、パソコンやスマホ、タブレットを起動すると最新の情報が流れてくるようになりました。インターネット接続端末としては、パソコンよりもスマホのほうが人気で、今や「パソコンは職場や学校で使うもの。自宅ではスマホしか使わない」という人もめずらしくはありません。

　そんな背景がありますが、あえて"パソコンって、どんな機械なんだろう"ということを考えてほしいのです。なぜならパソコンは、個人が気軽にデジタルデータを扱える最強の機械であり、その仕組みを理解することで、画像、動画、音声そしてテキストとあらゆるデジタル情報を扱いやすくなるからです。スマホやタブレットは、パソコンが持つ機能のうち必要な部分だけを特化させ、シンプルに使いやすくした携帯端末です。パソコンの基礎知識があれば、スマホやタブレットの仕組みも、より理解しやすくなります。

　なお、パソコンのOSであるWindowsは、2015年に登場した『Windows10』で、大きな転換期を迎えました。今後は新しいWindowsシリーズは登場せず（あくまでも予定ですが）、Windows10が進化をしていきます。OSとして成熟期を迎えているともいえるWindows10の操作性は、旧シリーズに比べると大きく変わってきています。そのため長年Windowsに親しんできたユーザーにとっては、戸惑う部分があるでしょう。しかし今は、この変化を楽しむことが必要となっています。

　本書はパソコンの仕組みとWindows10の機能を中心に、お話を進めていきます。途中、スマホやタブレットのことにも触れますので、パソコンとの共通点や相違点、それぞれの持ち味を"知る"ことも合わせて楽しんでください。

　この本との出会いが、あなたの知的好奇心を満たし、快適なデジタルライフを送るための一助になれば幸いです。

2018年1月　唯野　司

いまどきパソコン＆Windows10はこんなふうにできている　　　　　　　目次

PART 1　パソコンの中にはなにが入っているの？なにが動いているの？　　7

- 001　Windowsってパソコンのことなのか？　8
- 002　パソコンの中身って、どうなっているんだろ？　10
- 003　パソコンの中で一番優秀な「CPU」って、どんなもの？　12
- 004　CPUの速さの秘密って、なんだ？　14
- 005　CPUのスペックを読み解きたい　16
- 006　インテルCPUで動くOS、そしてWindowsの誕生まで　18
- 007　OSって、どうして必要なのか？　20
- 008　「メモリは多いほうがよい」って、どうして？　22
- 009　Windowsの32ビット版、64ビット版って、どう違う？　24
- 010　Windowsの後ろにつく文字が意味するものは？　26
- 011　Windows10のタブレットとパソコン、どう違うかわからない　28
- 012　「昔に比べるとWindows10は起動が速い」のは、なぜ？　30
- 013　真っ先に確認される「デバイスドライバー」って、なに？　32
- 014　サインインするときのアカウントのことが、よくわかっていない　34
- 015　パスワードは時代遅れ？「PIN」ってなに？　36
- 016　「ロック画面」って必要なのか　37
- 017　Windows10の「スタートメニュー」と「スタート画面」って別モノ？　39
- 018　Windows10は「Windows Update」が多い気がするけれど、本当のところは？　40
- 019　WindowsXPが使えなくなったように、10もいつか使えなくなるのか？　42
- 020　使い終わったら、パソコンの電源はどうするべき？　44
- 021　Windows10の"モダン"なスタンバイ機能ってなに？　46
- 022　携帯端末で気になるバッテリーの話　48

PART 2　パソコンを操作するって、どういうこと？操作できるカラクリを知りたい！　　49

- 023　画面を触って操作できるのは、どういった仕組みになっているのか？　50
- 024　液晶ディスプレイの画面を「触ってはダメ！」な理由　52
- 025　パソコンを操作するキーボードの不思議　54
- 026　ネズミには似ていない「マウス」というもの　56
- 027　いろいろな目的を実現できるのは、アプリケーションソフトがあるから　58
- 028　Windows10では、2種類のアプリケーションソフトがあるって、どういうこと？　60
- 029　アプリって［スタート］メニューにあるんじゃないの？　62
- 030　スタートメニューのタイルの内容が見るたびに違うのはなぜ？　64
- 031　どこからアプリを"スタート"させるかはユーザー次第　65
- 032　夜型タイプの人には朗報！目に優しい「夜間モード」とは　66
- 033　Windowsを自分流に使いやすくしたいのだけど、どこから設定するのか？　68
- 034　日本語入力を担当するのはだれ？　69
- 035　次に入力する文字を見透かす機能について知りたい　70
- 036　Windows10は文字がキレイじゃないって、ウワサで聞いたけど　72
- 037　パソコンはアメリカで誕生したのに、日本語が使えるのはなぜ？　74

038	世界中で使える文字コード「Unicode」ってなに?	75
039	Windows10を日本語以外の言語で使えるってホント?	77
040	ウィンドウの枠が白いのは、あなたにとって是か非か?	78
041	ウィンドウが勝手に移動して、行儀よく整列してしまう不思議	80
042	効率よくウィンドウを切り替えていく手法がある!	82
043	デスクトップがいくつもできる「仮想デスクトップ」って、なに?	84
044	画面右下にメッセージが出たけど、すぐ消えちゃった?	86

PART 3　わかっているようで実はわかってないかも? ファイルにまつわる、あんなこと・こんなこと　87

045	「ファイル」の正体って、一体なんだ?	88
046	ファイルはどうやってできあがるのか?	90
047	ファイル名は何文字まで付けることができるのか?	92
048	ファイルの「形式」ってなに?	94
049	ファイルの正式な名前を知ろう	95
050	ファイルの種類って、いつ誰が決めているのか?	96
051	使いたいアプリケーションソフトでファイルを開きたいときは、どうすればよいのか?	98
052	ファイルの中身をサクッと確認できる方法があるって、ホント?	100
053	「バイナリファイル」の正体を明かせ!	101
054	ファイルやフォルダーの「保存場所」って、どこでわかるのか?	103
055	実はよくわからない「エクスプローラー」というもの	105
056	「クイックアクセス」って、一体なんなんだ?	106
057	エクスプローラーを「PC」で開きたい	108
058	『OneDrive』ってなんだ?	109
059	OneDriveでファイル共有をするときのコツ	110
060	Windows10ではライブラリ機能はどうなっているのか?	112
061	そもそも「ドキュメント」って、一体なんだ?	114
062	「ごみ箱」が特殊なフォルダーだって、どういうことなのか?	116
063	削除したファイルが復活できるのは、書き込み方にひみつがある	118
064	ファイルシステムって、なんだ?	120
065	大切なファイルが見当たらない! さあ、どうする?	122
066	こんな方法もあったのか! 知っておくと便利な検索のワザ	124
067	検索機能もある『Cortana』は、どこまで使えるのか	126
068	検索機能にまつわるエトセトラ	128

PART 4　これでトラブルが起きても安心! 知っておきたい、あの手この手べんりな手　129

069	消えたファイルを復活!"備えあれば憂いなし"の機能とは、これだ①	130
070	消えたファイルを復活!"備えあれば憂いなし"の機能とは、これだ②	132
071	『OneDrive』でもファイルの復元ができるって、ホント?	134
072	そもそもバックアップって、どういうことか	136
073	がっつりあるファイルをバックアップしたい　〜ハードディスク	138
074	誰にも変更を許さないファイルのバックアップ　〜CD/DVD/BDメディア	139

No.	タイトル	ページ
075	ファイルを持ち運びできるかたちでバックアップしたい　～フラッシュメモリ	140
076	"壊れる"ことがないバックアップ先　～クラウドサービス	142
077	パソコンの動作が遅くなるのは、老朽化しているからなのか？	144
078	ハードディスクの断片化は気にしなくてもよいって、ホント？	146
079	ドライブの最適化は自分でコントロールしたい	148
080	Windows10は「メンテナンス不要」という噂だけど、ホント？	150
081	問題を起こしているアプリの対処法を知りたい	152
082	絶体絶命！パソコンが起動しないときは、どこから確認すればいいのか？	154
083	Windows10が起動できない状態になっている！どうすればいいのか？	156
084	システムを過去に戻す「システムの復元」って、どんなもの？	158
085	すべての過ちを清算して、パソコンを最初の状態に戻したい	160
086	備えておけば安心！「回復ドライブ」を作成しよう	162
087	スマホの最大の危機について考えよう	164
088	デジタル機器だってクシャミをする？なにはともあれ強制終了そして再起動	166
089	進化を続けるWindows10のセキュリティー対策機能は要チェックだ	167
090	「ウィルスに感染したかも？」と思ったら	169
091	スマホもウィルスに感染することがあるって、ホント？	171

■ 参考サイト

- 日本マイクロソフト - Official Home Page ── https://www.microsoft.com/ja-jp/
- Microsoft サポート ── https://support.microsoft.com/ja-jp
- Office のヘルプとトレーニングにようこそ ── https://support.office.com/ja-jp
- Apple - 公式サイト ── https://www.apple.com/jp/
- JAMSTEC ── http://www.jamstec.go.jp/j/
- ギズモード・ジャパン ── https://www.gizmodo.jp/
- ライフハッカー［日本版］── https://www.lifehacker.jp/
- ITmedia ── http://www.itmedia.co.jp/
- EIZO 株式会社 ── http://www.eizo.co.jp/
- ぺんてる株式会社 ── http://www.e-pentel.jp/
- ROBOTEER ── https://roboteer-tokyo.com/
- applio ── http://appllio.com/
- アンドロイド辞典 ── http://androidjiten.com/
- Norton Blog ── https://japan.norton.com/
- Security Navi ── https://securitynavi.jp/

本書執筆にあたり、以上の公式ページをはじめとする有益なWebサイトを参考にさせていただきました。ここに謝辞を申し上げます。

PART 1

パソコンの中には なにが入っているの? なにが動いているの?

Windowsパソコンをあらためて見直すと「これってなに? どうなっているの?」という部分が出てきます。特に知識がなくても使えてしまうのはパソコンの利点ですが、仕組みを知ってるほうが楽しいものです。まずは、あなたの疑問にお答えしましょう。

001 Windowsってパソコンのことなのか？

　最初に質問です。Windows（ウィンドウズ）とは、なんでしょうか？「パソコンのことです」と答えた方は、残念ながら間違っています。Windowsとは「OS（オーエス）」の名称で、パソコンの名前ではありません。

　そういわれると「OSって、パソコンのどこにあって、どんなことをしているんだろう？」という疑問がわいてきますよね。いろいろ考えていくと、「そもそもパソコンって、どういった機械なのかな」というところに行き着くでしょう。

　まずは、そこから紐解いていきましょう。

「パソコン」って、どんな機械？

　パソコンとは「パーソナルコンピューター（personal computer）」の略称です。日本語に訳すと"個人的な電子計算機"となります。簡単にいえば、パソコンは計算をする機械なのです。

　コンピューターは「膨大なデータ処理を自動的に行う」ことを目的として誕生しました。ここでいう"データ処理"とは、与えられたデータを決められたルールで計算する（算術演算）ことを指します。この決められたルール、つまり計算方式は「あらかじめ内部の記憶装置に組み込んでおく」という仕組みになっています。

　計算をする機械といえば、電卓が真っ先に思い浮かぶところですが、電卓とパソコンは大きな違いがあります。

　電卓に適当な数字を打ち込んでみてください。表示エリアに数字が並ぶだけで、何の意味もありません。ですが「1+2＝」と計算式を入れると、「3」と表示されます。これは「1と2を足せ」と命じた手順で電卓が計算を行い、その結果を示したものです。

　パソコンは電卓よりも計算する速度が恐ろしく速い上に、計算の手順も自分で覚えているという賢い機械です。たとえばキーボードから「A」という文字を入力すると、ディスプレイ画面に「A」と表示されますが、これはパソコンがキーボードから入力された情報を自分が知っているルールに沿って計算をし、その結果として画面に文字を表示しているのです。キーを打つと、ほぼ同時に文字が表示されますので"パソコンが計算をしている"という実感はないでしょう。それだけパソコンの処理速度は速いというわけです。

Windowsは
パソコンにとって大きな存在

　高速にデータ処理を行うパソコンは、「ハードウェア」と「ソフトウェア」の2つの要素から成り立っています。

　ハードウェアとはパソコン本体やディスプレイ、キーボード、マウスなど目に見えて触れることができるもの。ソフトウェアとは前述の"計算の手順"にあたる「プログラム」です。

　そしてソフトウェアのもっとも基本となるのがOSです。OSの役割については後述しますが、このOSがなんであるかによってハードウェアの大部分や使用できるソフトウェアが決まってきます。

　パソコン用のOSには、複数の種類があります。個人が使用するパソコンではマイクロソフトの『Windows』、アップルの『macOS』が主流となっています。なかでもWindowsのシェアは高く、2018年現在では全体の9割を占めています。「パソコンといえばWindows」と思ってしまう人が多いのは、このためでしょう。

　Windowsはパソコンを指すものではありませんが、パソコンの種類を表現するには、もっともわかりやすい言葉であることは確かです。

　パソコンの仕組みを紐解くとき、OSの存在は重要なポイントです。搭載されているOSの持つ機能が、パソコンで使える機能や操作性を左右するのですから、Windowsの仕組みを知ることはパソコンを操作する上でも大切なことなのです。

Column　タブレットやスマートフォンもパソコンと基本は同じ

　最近、家電店に行くとパソコン売り場のほかに「タブレット」「スマートフォン（以下、スマホ）」コーナーが設けられており、いずれも人気を博しています。コーナーを分けて販売しているくらいですから、「パソコンとタブレット・スマホは別モノだよね」と思うところですが、実は基本構成は同じです。

　そもそもコンピューターは"道具"ですので、自分で考えたり、良し悪しを判断することはできません。私たちからの指示に従って仕事（演算処理）を行い、結果を出すのです。私たちが出す命令が「入力（input）」、処理をした結果が「出力（output）」です。この入出力が基本となります。

　そしてコンピューターには、共通化された5つの要素があります。この要素は人間の知的な活動を模しているといわれています。たとえば「1+2は？」という計算式を書いた紙を渡されると、私たちはまず目で計算式を見て、頭で暗算して答えを出し、手を使って「3」と紙に解答を書き込みます。この一連の動作を同じように行うため、コンピューターは次の5つの装置を持っています。

1. **入力装置**（人間の目や耳）
   データを入力するための装置。キーボードやマウスが代表的。
2. **制御装置**（人間の中枢神経）
   プログラムの命令を解読し、各装置をコントロール（制御）する。マザーボードなどのチップセットやCPUが担当する。
3. **演算装置**（人間の頭脳の考える部分）
   制御装置の指示により演算処理を行う。CPUが担当する。
4. **記憶装置**（人間の頭脳の記憶する部分）
   何を演算するのか、演算した結果は何であるのかを一時的に記憶する。メモリや補助記憶装置が担当する。
5. **出力装置**（人間の口や手、顔の表情）
   処理を行った結果を外に出力する。ディスプレイやプリンター、スピーカーなどがある。

　パソコンとタブレット、スマホは見た目は異なりますが、いずれも上記の5つの装置を持ち、内部の記憶装置にあらかじめプログラムを読み込んでおいて、演算装置がプログラムにある指示を読み込みながら処理を行う（これを「プログラム内蔵方式」と呼びます）のです。

　よく「パソコンとタブレット・スマホの違いがわからない」という声を聞きますが、基本は同じです。まずパソコンの仕組みを押さえ、それからタブレットやスマホは「どこがパソコンと違うのか？」と考えていくと、それぞれの使い道が見えてくるでしょう。

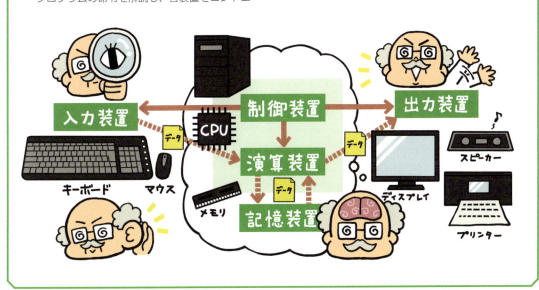

002 パソコンの中身って、どうなっているんだろ？

ひとくちに「パソコン」といっても、デスクトップ型にノートパソコン、ディスプレイと一緒になっている一体型、さらにポケットに入るほど小さいサイズのスティック型などがあります。値段は数十万円するものから、1万円を切るものもあり、購入するときは「どのパソコンを選べばよいのか、全然わからない」という人は多いものです。

<mark>見た目に違いはあれど、パソコンを構成する基本となる部品は同じ</mark>です。それぞれの部品が、どういった役目を持っているのか？ まずは、そこから話を始めましょう。

パソコンは複数の部品の"組み合わせ"

通常パソコン本体は、カバーがあって内部を見ることはできません。このカバーを外して中をのぞいてみると、さまざまな形状の部品やコードが複雑に配置されています。機械に弱い人なら、一目で「ムリ！」と拒否反応を示してしまうでしょうが、よーく見れば薄い板に形の異なる部品が刺さっていたり、コードで結ばれているだけです。

難解そうに見えても、どのパソコンでも基本となる部品は決まっています。まずパソコンの"中枢"ともいわれる「<mark>CPU</mark>」、プログラムやデータを記憶する「<mark>メモリ</mark>（メインメモリ）」、そしてファイルを保存する「<mark>ストレージ</mark>（ハードディスク、SSDが代表的）」です。これらの部品を装着している板が「<mark>マザーボード</mark>」です。

主要部品の役割と関係性は、こんなイメージ

あまり聞きなれない名前を持つ部品が、パソコンの中でどういった役割を持っているのか、たとえ話で説明しましょう。

パソコンの中は作業場です。そこには「CPU」というたいへん優秀な作業員がいます。彼はどんな指令書がきても高速で片づけてしまえるのですが、<mark>指令書は</mark>「<mark>メモリ</mark>」<mark>という机の上でしか広げられません。</mark>広げた指令書に書いてある通りに作業を行い、完成した書類は必ず「ハードディスク（もしくはSSDなどのストレージ）」という引出しの中に仕舞い込みます。

作業場のオーナーは、パソコンの持ち主である私です。私にとっては、パソコンはサクサク動くほうがよいので、作業員はできるだけ優秀な人を選びたい。つまり<mark>高性能なCPUが望ましい</mark>、となります（でも優秀な人材はギャラが高いのと同じで、高性能なCPUは値段が高くなります）。

そして作業員にとっては、指令書はできるだけ大きく広げたほうが仕事がしやすいのです。机の上が狭いと、指令書をチマチマ広げながら作業を行わなければならず、いくら優秀でも効率が落ちてしまいます。机の広さはメモリの容量によります。つまり<mark>メモリは容量が大きいほうが</mark>、<mark>パソコンはサクサク動く</mark>わけです。

また完成した書類（ファイル）をしまい込む引き出しも、大きなサイズであるほうが大量の書類を入れることができます。これと同じで、<mark>ハードディスクも大容量のほうが便利</mark>です。

自分のパソコンの部品って、どこかで確認できる？

部品の役割がわかると「自分が使っているパソコンは、どうなっているんだろう？」と思いませんか？ 部品の構成はパソコンのカバーを開いて直接見なくても、Windows画面で確認することができます。

1 [スタート]メニューにある[設定]ボタンを押して画面を開きます。
2 [システム]をクリックして、画面左の[バージョン情報]を選択します。「プロセッサ」がCPUの名称、「実装RAM」が搭載しているメモリの容量です。

● CPUの名称と実装しているメモリの容量が確認できる

● パソコンに接続されているストレージと使用容量を確認できる

また画面左の［ストレージ］をクリックすると、パソコンに搭載、もしくは接続されているハードディスクやSSDの容量および使用容量が確認できます。

003 パソコンの中で一番優秀な「CPU」って、どんなもの？

　パソコンを構成する部品のなかでもっとも優秀だという<mark>CPUの性能は、パソコン自体の能力を左右</mark>します。そしてパソコンの価格にも影響してくるほど、高価な部品でもあります。

　ではCPUは一体どんな部品で、どこがどう優れているのでしょうか？

パソコン選びは「CPU」選びからとは思うけれど

　パソコンの性能がCPUで決まるのなら、「CPUについて詳しくないと、自分にあったパソコンを選ぶことができないよね」と考えるでしょう。

　パソコンのカタログを見ると、スペック表に「CPU」という項目が必ずあります。そこには読み方すらわからない英単語と数字がズラズラ並んでいて意味不明……。ここで不安になってはダメ。スペック表にある文字列は、CPUの持つさまざまな能力を表しているだけです（詳しくは16ページ参照）。

　CPUがどんな部品であるか、そして、性能の差がどこで生じるのかは誰もが知りたいところですよね。まずは、CPUの働きから説明しましょう。

CPUは規則正しく体操をする"肉体派"部品

　<mark>CPU</mark>とは「Central Processing Unit（中央処理装置）」の頭文字から取った名称で、<mark>パソコンの頭脳</mark>にもたとえられる部品です。そのため"CPUって頭がいい"というイメージがありますが、実は<mark>物事を考える知性派ではなく、同じ運動を繰り返す肉体派</mark>です。プログラムで指示される手順に従ってひたすらに、しかも高速にデータ処理をしていきます。

　CPUの内部を見てみると、複数のユニットに分かれていて、それぞれが役割を持っています。簡単に説明すると、外部からの指令を「読み込む（フェッチ）」、読み込んだ命令を「解読する（デコード）」、解読された命令を「実行する（エグゼキュート）」、そして結果を出します。この一連の動きが「1サイクル」となっており、絶対に乱れることはありません。しかもこのサイクルは常に一定のテンポで動作します。CPUが「イッチ、ニィ、サ〜ン、シィ」というリズムで体操をしていると思ってください。

　CPUによって、この体操のリズムは異なります。性能の低いCPUはゆっくりしたテンポですが、性能が高いCPUになると「イチ、ニ、サン、シ」とアップテンポになるのです。当然、データの処理は後者のほうが速くなります。つまりCPUの性能が、パソコンの処理速度に反映してくるわけです。

優秀なCPUほど"熱い"ヤツなのさ

　突然ですが、今から私は部屋のなかで縄跳びをします。ペースは「1分間に60回」と決めて跳んでいると、次第に体温が上昇してきました。屋内で長時間の縄跳びは過酷なもので、私の身体はどんどん熱くなり、ついには熱中症になってダウンしてしまいました。

　肉体派部品のCPUも、長時間使い続けると似たような現象が起きます。パソコンの本体ケースの中という限られたスペースで、同じテンポの動作を繰り返していますので、時間の経過とともに熱くなってくるのです。そのままではダウンしてしまうので、熱を冷ます仕組みが必要になります。

　そこでCPUに直接風をあてる専用の冷却ファンを付けて、がんばっているCPUの体を冷やしてやります。こうすることで、CPUは熱上昇を抑えながら、長時間動作を続けることができるわけです。

　この"CPUの冷却"問題はたいへん重要で、高性能なCPUほど冷却ファンは欠かせません。

パソコンの大きさを左右する冷却装置の存在

　CPUが熱によって不調になることを「熱暴走」と呼びます。具体的には"意図しない再起動を繰り返す"という現象が起きます。最悪、CPUが壊れてしまうと、

パソコン自体がまったく動かなくなってしまいます。
　そんな事態にならないように、<mark>高性能なCPUほど冷却効果の高いファン、つまり大型のファンが必要</mark>となります。となるとパソコン内部には、ある程度の空間がなくては装着できません。自ずとパソコン本体は十分な設置空間があるデスクトップ型に限られてきます。
　単純に考えると、高性能なCPUを持ったパソコンが欲しいなら、ノートパソコンや省スペースタイプは選択肢には入らない、というわけです。

Column　パソコンは用途によって選択すべし！

　家電店のパソコンコーナーをのぞくと、ノートパソコンやタブレットPCなどの携帯タイプのほかは、ディスプレイと一体型のパソコンがズラッと並んでいます。このタイプのパソコンは、通常のディスプレイより少し厚みがあり、そこに本体部品が格納されています。スペックはノートパソコンとほぼ同等です。
　本編で紹介したように、<mark>高性能なCPUは大型の冷却ファンが必要</mark>となります。ディスプレイと一体型のパソコンでは、装着しようにも場所がないため、さほど性能が高いCPUは搭載できません。
　とはいえ、最近はCPUの技術進化がめざましく、安価な廉価版であってもビジネス文書を作ったり、表計算を行う程度の作業は問題なく行えます。<mark>趣味やビジネスで使用する程度なら、CPUの性能はあまり考慮しなくてもよい</mark>、ともいえます。
　また高性能なCPUを搭載しているデスクトップ型は"騒音"の問題もあります。大型の冷却ファンは駆動音が大きいものが多く、仕事に集中したいときやリビングでDVDを再生するときなど、ファンの音が邪魔になることがあります。
　つまり、<mark>一般的な使い方をするのであれば、ノートパソコンやディスプレイと一体型のパソコンのほうが使い勝手がよい</mark>わけです。
　ただし<mark>動画の編集を行ったり、最新の3Dゲームを楽しみたいといった目的があるのなら、話は別</mark>。これらの作業はデータ量の多いファイルを操作するため、高速なCPUでなくては処理が追いつきません。動画がなめらかに再生できなかったり、編集作業に時間が掛かったりします。
　パソコンを購入するとき、どういった用途で使うのかを考えて、適切な機種を選びましょう。

004 CPUの速さの秘密って、なんだ?

パソコンを構成する部品のなかで、もっとも重要なCPUが"熱いヤツ"だと知ったら、「どうやって処理を速くしているんだろう」と思いませんか?

CPUの速度アップには、さまざまな手法があり、それがCPUのスペックの一種でもあります。

速く処理するための工夫がいっぱい

パソコンを動かすためのプログラムは、メモリ上に読み込まれます。CPUは処理を行うためにメモリから命令をもらわなければなりません。CPUの内部には「**レジスタ**」(24ページ参照)という記憶領域があり、メモリから取ってきたデータをレジスタに移し、処理をした結果をメモリに戻すというやり取りが行われます。メモリの動作速度はCPUに比べると格段に遅く、またレジスタは容量が小さく、ほんの少しの情報しか記憶できません。ひんぱんにCPUとメモリの間でやり取りを行うと、大きな待ち時間が生じてしまいます。

この速度差を補うため、CPUは命令を一時的に蓄えておく「**キャッシュ**」という場所を複数持っています。CPUに近い順番に「1次キャッシュ」「2次キャッシュ」「3次キャッシュ」と呼ばれます。

キャッシュを複数構造にしているのは、キャッシュに利用する「**SRAM**(エスラム)」という種類のメモリが高価なため、階層的に使うことでコストを抑えているからです。演算部分に近いところに小容量で高速な1次キャッシュ、その次に少し容量が大きくやや低速な2次キャッシュ、そしてより容量の大きな3次キャッシュを設けているのです。

またキャッシュには「ひんぱんに使うものは身近に置く」という考え方があります。ちょっと勉強部屋の本を置く場所をイメージしてください。机の上には教科書、机上のブックスタンドには参考書、机から離れた場所にある本棚には百科事典を置いておきます。机の上は狭いので、たくさんの本を置くことはできませんから、必ず使う教科書を。さほど使わないけれど冊数の多い百科事典は本棚に用意しておけば安心、という具合です。

最近は3次キャッシュを搭載したCPUが一般的になっており、表記はL1、L2、L3キャッシュとなっています。

処理能力を示す「クロック周波数」ってなに?

CPUはテンポよく体操を繰り返す肉体派パーツですが、このテンポを数値で表したものが「クロック周波数(動作クロックともいいます)」です。単位は「**GHz**(ギガヘルツ)」で、「Hz」は1秒間の震動数を示しています。「1GHz」ならば「1秒間に10億回」の震動を発して動作する、という意味です(すごい回数ですよね。やはりCPUはタダ者ではない)。

ただし、この数値だけでCPUの処理能力を判断することはできません。そもそもCPUは種類によって設計が異なりますので、クロック周波数の"数字"部分を比較できるのは、同じ種類のCPU同士のみ、となります。

また1GHzのCPUと3GHzのCPUを比べたとき、キャッシュの容量や内部の速度も影響するため、単純に3倍の能力差があるとはいえません。

最近のCPUは省電力機能を備えており、パソコンを使っていないときは動作数を下げる、もしくは停止（アイドル状態）にするため、一定の速さで動作していないという点もあります。反対に発熱などの余裕があるときは定格の動作数より一時的に引き上げる「ターボブースト機能」を備えるCPUも登場しており、「このCPUのクロック周波数はこれ！」と一概にいえない状況です。

　このように一昔前ほど、クロック周波数がCPUの能力の指標と断言はできません。あくまでも「パソコンの処理能力の目安のひとつ」と捉えてください。

頭打ちになった、クロック周波数のアップ

　その昔、CPUの処理能力を上げるため、クロック周波数の引き上げがどんどん行われていきました。インテル系のCPU（16ページ参照）でいえば、1993年に初代のPentiumのクロック周波数は100MHzに到達し、2000年にはPentium Ⅲで10倍の1GHz、2005年にはPentium4が3.8GHzを達成しています。この周波数が4GHz付近になった段階で"発熱量が増える"という問題が出てきました。

　前述のように、発熱量が多いとCPUを冷ますための冷却ファンの問題が大きくなります。それに加えて製造プロセスの超微細化が原因で、本来は電流が流れない場所に漏れ出す「リーク電流」の増加があり、ムダに電力が消費されるといったことも起きたのです。

　こういった難問を抱え、CPUのクロック周波数の向上は、ここで頭打ちになってしまったのです。

コアを複数持たせる「マルチコア」の登場

　クロック周波数を上げることに限界が見えはじめたことで、1個のCPUに2個分のCPUの処理能力を持たせる「デュアルコア」が考え出されました。

　「コア」とはデータを処理する演算回路のことで、従来は1つのダイ（CPUの土台のようなもの）に1個だけ内蔵されていました。これを「シングルコア」と呼びます。一方デュアルコアは、1個のCPUの中に2個のコアを搭載します。シングルコアに比べると、冷却ファンが1つで済むことで低コスト化がはかれたり、2次キャッシュを2つのコアで共有するためにアクセス効率がよかったりと、さまざまなメリットがあるのです。

　2006年には4つのコアを持つCPUがハイエンドディスクトップ向けとして発売され、時代は「クアッドコア」CPUへと進みます。このCPUは2個のデュアルコアをワンパッケージにすることで"4つのコアを持つCPU"を実現しています。

　コア数を増やす方向はどんどん進み、2016年5月には10コアを持つハイエンドCPUが登場。ちなみに発表当時「Core i7 6950X Extreme Edition BOX」の価格は1569ドル、日本の市場では18〜19万円程度という、たいへん高価なものでした。

> **Column　マルチコアの呼び方**
>
> 　マルチコアCPUは、2コアは「デュアルコア」、4コアは「クアッドコア」、6コアは「ヘキサコア」、8コア「オクタルコア」、10コアは「デカコア」と呼びます。この呼び方は、5以上からは多角形の英語読みからだそうですが、12コアになると「ドデカコア」になるそうです。あらゆる意味で、文字通り"どでかい"性能のCPUになりそうですね。

005 CPUのスペックを読み解きたい

　パソコンのスペック表を見たとき、CPUの名前を見ただけで、どういった性能を持っているか読み解きたい。これがわかれば"パソコン初心者"から、一歩前進です。

　時代とともにCPUの名称や表記の仕方は変化しますが、本書執筆時で説明しましょう。

パソコン向けCPUは、インテル系かAMD系

　パソコン向けのCPUの種類は、インテル系とAMD（エーエムディー）系に分けられます。

　1990年代から2000年代の前半までは、インテルとAMDはCPUの性能を上げるための熾烈な競争を繰り広げていました。しかしインテルから「Core i」シリーズが登場すると、AMDの技術開発の勢いは減速し、今はインテルのシェアがかなり勝っている状況です。

　CPUの種類によって"体操"（12ページ参照）の内容が異なるため、クロック周波数の数値をはじめ並べて説明できない部分が多々あります。ここでは多くの人が使っているインテル系のCPUに絞って紹介します。

インテルCPUの製品名のルールとは

　シングルコアCPUの時代、インテルCPUの名前は「ブランド名」＋「クロック周波数」で表記されていました。同じブランドもしくは同等のブランドであればクロック周波数の数値が大きいほうが高性能なCPUでした。

　ところが2004年、インテルはCPU名を「プロセッサー・ナンバー」と呼ばれる型番で表記するようになりました。これは技術の進化により、クロック周波数が大きいほど高性能であるとは一概にいえなくなったためです。インテルは「プロセッサー・ナンバーの数値が大きいほど、付加価値が高い」としています。これは「クロック周波数が大きければ、プロセッサー・ナンバーも大きいとは限らない」こと、そしてプロセッサー・ナンバーがCPUの"価値"を判断する目安となっていることを意味しています。

　現在、インテルCPUの製品名は「ブランド名（プロセッサー・ファミリー名ともいいます）」と「プロセッサー・ナンバー」で構成されています。

　まずブランドの位置づけからすると、最上位から「Core」「Pentium」「Celeron」「Atom」となります。上位3つは処理能力が高いパソコン用です。

　ブランド名の後ろにつく数字4ケタがプロセッサー・ナンバーですが、最初の数字が世代、次の3ケタがCPUの相対的な位置づけ（同じブランドなら、この数字が大きいほうが上位）、そして最後の英字が性能を示します。

　こうして文字でサラッと説明されても、「？」と思いますよね。具体的に書くとこうなります。

●インテルCPUの製品名の表記の例

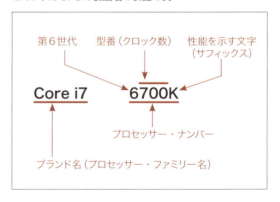

CPUの"世代"って、なんのこと？

　インテルCPUのなかでも人気の高い「Core i」シリーズは、第1世代、第2世代というように"世代"を分けることができます。

　この世代は、マイクロアーキテクチャーごとに区分されます。マイクロアーキテクチャーとはCPUの設計のことで、この内容によって性能が変わるのです。

　インテルは数年ごとに新しいマイクロアーキテクチャーを開発し、それを採用したCPUを発売します。

つまり世代が進むほど、技術進歩が進んで高性能なCPUになっている、といえます。

「新しい世代のCPUが出てきたら、パソコンも買い替える必要があるのかな？」と思うかもしれませんが、それは必要ありません。1世代、2世代前のCPUでも十分に活躍してくれます。

なお各世代は、採用しているマイクロアーキテクチャーによって下記のように分けられており、プロセッサー・ナンバーも決まっています。自分のパソコンに入っているCPUが何世代のものかは、数字を見れば判断できるわけです。

また数字の末尾につく英字は、「**サフィックス**」と呼ばれ、そのCPUが持つ性能を示しています。代表的なものは、下表のとおりです。

● 世代

世代	数字	マイクロアーキテクチャー
第1世代	100番台	Nehalem（ネハレム）
第2世代	2000番台	Sandy-bridge（サンディーブリッジ）
第3世代	3000番台	Ivy-bridge（アイビーブリッジ）
第4世代	4000番台	Haswell（ハズウェル）
第5世代	5000番台	Broadwell（ブロードウェル）
第6世代	6000番台	Skylake（スカイレイク）
第7世代	7000番台	Kaby Lake（カビーレイク）

● サフィックス

X	性能が非常に高いCPU
K	クロック周波数の倍率変更可
P	内蔵GPU非搭載
S	低消費電力
T	低消費電力（Sが付くものより消費電力が低い）

※世代によって使われる英字が異なります。

CPUによって異なるコア数とスレッド数

Core iシリーズのブランド名には、『Core i7』『Core i5』『Core i3』があり、第4世代まではCore i7とCore i5は4コア、Core i3は2コアだったのですが、その後はこの限りではなくなってきました。そのため最近のCPUのスペック表を見ると、「2コア/4スレッド」というように、コア数とスレッド数が明記されています。

ここで気になるのが一緒に記載されている「**スレッド**」です。スレッドとは、CPUがプログラムを処理するときの最小単位を指します。コアは演算回路の数ですので物理的なものですが、「スレッド」として記載されているのは物理的には1つしかないコアをソフトウェアから2個あるように見せかける「Hyper-Threading（ハイパースレッド、略してHTテクノロジ）」技術による仮想コアのことです。

仮想コアによって複数のスレッドを並行処理できるように見えますが、実際は処理の空き時間に別の処理を割り振るだけで、演算回路が処理できるスレッドは1つです。そのため、物理的に4つのコアを持つ「4コア/4スレッド」のCPUと「2コア/4スレッド」のCPUを比べると、前者のほうが処理能力は高いのです。

006 インテルCPUで動くOS、そしてWindowsの誕生まで

本書の冒頭から、CPUの話題が続いています。「これってパソコンのなかで、もっとも大切な部品だから、よく知っておこうってことかな」と思っていませんか？

もちろん、それもありますが、実は<mark>Windowsはインテル CPU を動かすために開発された OS</mark>なのです。言い換えれば、インテルCPUの存在がなければ、Windowsも登場しなかったのです。

CPUはパソコンに限らず、スマホやタブレットにも搭載されており、現代のコンピューターに欠かせないものです。このCPUの誕生とマイクロソフトの創業、Windowsの誕生までをさらっと紹介しましょう。

世界初のCPUは、なんと電卓用！

電卓が登場したのは1960年代のこと。当初は真空管が使われていましたが、1964年に世界初のトランジスタ製電卓『CS-10A』がシャープ（当時は早川電機）から発売されました。重さは20キロあり、当時の価格で53万5000円とたいへん高価なものでした。

その後、日本の複数メーカーが電卓の生産を開始して、激しい電卓戦争が勃発。やがてトランジスタに代わって、IC（半導体集積回路）が使われるようになり、小型化するとともに安価になっていきました。

当時の電卓は、最初から特定の計算式がLSI（CPU）と専用のROMに組み込まれていたため、CPUに汎用性がありませんでした。そのため、新しい電卓を出すたびにCPUを設計しなくてはならず、コストと手間が掛かっていたのです。

そこで電卓メーカーのビジコン（当時は日本計算器）が、プログラム内蔵方式を採り入れることを考案。しかし当時としては斬新なアイデアであったため、製作を引き受けてくれるLSIメーカーが日本にはありませんでした。そのためビジコンは、その頃はまだアメリカの小さなメーカーであったインテルと組むことになりました。

こうして世界初のCPU『4004』が、1971年にインテルによって誕生したのです。

世界初のパソコンに搭載されたCPU『8080』

CPUの元祖とはいえ、4004は電卓用としては成功しましたが、パソコン用として使えるほどの機能はありませんでした。

1972年、インテルは本格的な8ビットCPU『8080』を発表。これがMITSが1975年に発売した世界初のパソコン『<mark>Altair（アルテア）8800</mark>』に搭載されました。当時、コンピューターといえば大企業や大学の研究所が使う大型コンピューターであったため、395ドルと安価で個人でも手に入るAltair8800は、一気に注目を集めました。

その後、MITS以外のメーカーからもパソコンの製造が開始され、8080はそれらのパソコンにも採用されることとなり、インテルの創業以来の初の大ヒット製品となりました。

インテルCPUのプログラムを作るマイクロソフトの創業

Altair8800は個人レベルで扱えるコンピューターとはいえ、実際は手動でスイッチを操作して、その結果をLEDランプの点灯で見るというだけのものでした。せっかく8080が搭載されていても、その8080に演算処理をさせるプログラムがなかったのです。

そこに目を付けて、MITSにAltair8800向けのプログラム『<mark>Microsoft BASIC</mark>』を売り込んだのがビル・ゲイツとポール・アレンです。彼らは"<mark>インテルの8080専用のプログラム</mark>"を作る目的で、1975年にマイクロソフトを創業。当時は小さなソフトウェア会社でした。

Altair8800が登場して以来、パソコンはNECやコモドールなどのメーカーから販売されていましたが、これらのパソコンもプログラムは必要でした。そこでマイクロソフトは、Microsoft BASICをパソコンに

バンドルする権利を売り、パソコンが売れるごとにロイヤリティを受け取るという契約を各社と結んだのです。パソコンが売れるごとにロイヤリティがマイクロソフトに入る——これはWindowsを各メーカーのパソコンに搭載させる現在のやり方と同じビジネススタイルです。

世界初のOSを開発したのは、マイクロソフトではない

ビジネスとして成功したとはいえ、Microsoft BASICはOSではありません。世界初のパソコン用OSは、1976年にデジタルリサーチが発売した『CP/M』です。当時のマイクロソフトは、このCP/M上で動く言語ソフトを作る会社でしかありませんでした。

マイクロソフトがOSを手掛けることになったのは、IBMから『IBM-PC』(1981年発売)に搭載するOSの開発を依頼されたためです。

IBMからは「1年以内にIBMパソコン用のOSを開発すること」という条件が提示され、ビル・ゲイツとポール・アレンは知恵を絞り、結局シアトル・コンピュータ・プロダクツのティム・パターソンが作った『86-DOS (Q-DOSとも呼ばれます)』を2万5000ドルで買い取りました。86-DOSはパターソンがCP/Mのマニュアルを見ながら、改良すべき点を考慮しつつ製作したもので、CP/Mと同じ機能を持つOSでした。これを基にマイクロソフトは、『MS-DOS』を開発したのです。

IBM-PCは2年で100万台以上売れるという大ヒットで、それに採用されたMS-DOSを手掛けたマイクロソフトは急成長していくのです。

"誰もが自由に操作できる"パソコン

MS-DOSはキーボードから「コマンド」と呼ばれるアルファベットや記号を組み合わせた命令語を入力して操作する「**CUI** (Character User Interface)」でした。このため当時のパソコンは一般人が利用するには、敷居が高い存在でした。

現在のWindowsのように文字に限らず画像などのグラフィックスによって操作する「**GUI** (Graphical User Interface)」を最初に実現したのは、複写機のメーカーであるゼロックスです。ところが経営陣がGUIを理解できずに、市場に投入しないと決定。このままお蔵入りになるところをアップルのスティーブ・ジョブズが見出し、1983年に発表した『**Lisa (リサ)**』にGUI環境のOSを導入したのです。

遅れをとったビル・ゲイツは、GUI OSの開発に力を注ぎます。しかし、ようやく1985年に発表した『**Windows1.0**』は完成度が低く、残念ながら普及しませんでした。

マイクロソフトが抱えていた問題は、すでに普及しているMS-DOSとの互換性の維持です。MS-DOSユーザーが利用できる環境を残しながらGUIベースのWindowsに移行する、という課題。これを持ちつつ開発を続けた結果、MS-DOSを補助する形ではなく、はじめてOSとして確立したのが、1995年に発表された『**Windows95**』です。

とはいえWindows95以降のWindows9x系は、表面上はGUI環境ですが、MS-DOSはシステムに色濃く残り続けます。MS-DOSユーザーが時代の流れとともに完全に消え去った後、ようやく大ヒットとなる『**WindowsXP**』の登場を迎えるのです。

やがてWindowsはVista、7、8/8.1へとアップグレードしていき、そして本書執筆現在、最新は『**Windows10**』となっています。

007 OSって、どうして必要なのか？

マイクロソフトがIBMから『IBM-PC』に搭載するOSを開発するように依頼された――、これがWindowsの開発へとつながる第一歩でした。

CPUはパソコンを構成する部品のひとつですが、OSは手で触れることができない、ソフトウェアの一種です。それもパソコンにとっては、なくてはならない大切なものです。

なぜOSが、必要なのでしょうか？

コンピューターの"基盤"となるOSの登場

OSは「Operating System」の略称で、コンピューターにおける"基本ソフト"ともいわれます。Windowsはパソコンのですが、タブレットやスマホにはもちろん、産業用機器や家電製品などのコンピューターにもOSが入っています。

実は大昔のコンピューターには、OSがありませんでした。あらゆる処理を実行するためのプログラムは、「マシン語」と呼ばれる機械語で記述されており、それを「オペレーター」と呼ばれる専門家がスイッチで入力してコンピューターを動かしていました。そのため、どんなプログラムであっても、まずコンピューターそのものを操作する部分から作っていたのです。これはたいへん手間が掛かるものでした。

そこで「プログラムをメモリにロード（読み込む）して実行する」だけの機能を持つモニター・プログラムが開発されました。この機能はどんなプログラムでも絶対に必要となるものですので、すべてのプログラムで利用することができます。これがOSの原型です。

その後、キーボードからの入力やディスプレイへの出力など、さらに多くの部分的なプログラムが追加されていき、初期のOSが誕生したのです。OSはすべてのプログラムの基本、というより"基盤"といったほうがわかりやすいかもしれません。

OSがもたらした、さまざまなメリット

OSの登場は、多くの人に恩恵をもたらしました。まずプログラマーはアプリケーションソフトを開発するとき、ゼロの状態からはじめる必要がなくなりました。たとえばワープロソフトならば、起動させるなどの基本的な部分はOSに任せて、テキストや画像をレイアウトするといったワープロ機能の部分だけをつくればよいわけです。これにより開発時間、経費がグッと軽減されました。

一方ユーザーは、コンピューターの操作が簡単になりました。OSがない時代は、まずマシン語を打ち込んだ命令カードを読み取り装置にセットしなくては、コンピューターを操作できませんでした。命令カードや読み取り装置は誰もが使えるものではなかったため、コンピューターは一部の限られた人しか利用できなかったのです。そういった面倒な操作部分をOSが担うようになったことにより、一般の人がコンピューターをより操作しやすくなりました。

またOSによって、各アプリケーションソフトの操作性が統一されているという利点もあります。たとえばテキストファイルを作成する『メモ帳』とお絵かきソフトの『ペイント』を見比べてみると、どちらもメニューがウィンドウの上部にあり、「ファイル」メニューは一番左です。この部分は、他のアプリケーションソフトにおいても共通です。同一OS上で動作するアプリケーションソフトは、いずれもOSの機能を利用して開発されるため、操作性は同じなのです。もしOSがなければ、アプリケーションソフトをつくった人の好みでメニューバーの位置が右端だったり下部だったりするかもしれません。そうなると私たちは、アプリケーションソフトごとに操作方法を覚えなくてはならず、非常に面倒に感じるでしょう。

OSは"影の存在"に徹してこそ価値がある

OSはパソコンに限らず、タブレットやスマホでも

欠かせないものですが、実際に何らかの操作をしているときに、その存在を感じさせません。ワープロ文書を作成しているとき、私たちは「Wordを使っている」とはいっても「OSとWordを使っている」とはいいません。実際にはOSも使っているのですが、それを私たちが意識することは皆無です。

OSとアプリケーションソフトの関係を劇場にたとえてみましょう。OSは大道具や小道具、照明など舞台装置を整える"裏方スタッフ"です。そしてワープロソフトなどのアプリケーションソフトは、舞台の上で演じる"役者"です。どんなに達者な役者が巧みな芝居をしても、その最中に照明が突然消えたり、大道具が倒れたりしては劇は中断します。さらに舞台に裏方スタッフが出てきて照明を付け替えたりすると、観客はシラけてしまうでしょう。万全な舞台装置が整えられた上で名役者が演じれば、観客は演目にのめり込んで心を動かされ、終幕では拍手喝采となります。

パソコンも同じで、ワープロ文書をつくっているときに、いきなりOSがエラーを出してフリーズしたら、ユーザーであるあなたはシラけますよね。「なんだ、このパソコンは使えないぞ」とOS・アプリケーションの区別なくブーイングをおくるでしょう。

OSはきっちり裏方の仕事をしながらも、その存在をユーザーに感じさせないものが優秀、というわけです。

> **Column** 「iOS」って、よく聞くけど、これはなに？
>
> スマホ全盛期ともいえる今。「**iOS**（アイオーエス）」という言葉を耳にすることが多いですよね。これはOSの一種ではありますが、パソコン用ではありません。
>
> iOSはアップルが開発した、画面を指でタッチして操作する機能に特化した**モバイル用OS**です。スマホの『iPhone』、タブレットの『iPad』などに搭載されています。
>
> なおアップルのパソコンである『iMac』や『MacBook』に搭載されているOSは『**macOS**』といい、iOSとは（根幹は共通するものはありますが）別物です。

008 「メモリは多いほうがよい」って、どうして？

パソコンの部品のなかでCPUはもっとも高速で、しかもOSであるWindowsとは切っても切れない存在ですが、メモリだって重要度は高いものです。

メモリに搭載している容量は「多いほうがよい」といわれますが、その理由はどこにあるのでしょうか？

「実装RAM」のRAMってどういう意味？

Windows10のバージョン情報（15ページ参照）を開くと、「実装RAM」という項目があります。ここに表記されるのが搭載しているのがメモリの容量なのですが、「**RAM**（ラム）」とは何でしょうか？

RAMは「Random Access Memory」の略称で、自由に読み書き可能なメモリのことです。ほとんどのコンピューターがRAMを主記憶装置としているため、メインメモリをRAMと呼んでいます。コンデンサに蓄えられた電気はそのままでは放電して消えてしまうので、一定時間ごと再充電作業（これを「リフレッシュする」といいます）を行います。この特性から「**Dynamic（動的）なRAM**」と呼ばれます。

対してSRAMはコンデンサではなくトランジスタで構成されていますので、リフレッシュは不要です。そのため「**Static（静的）なRAM**」といわれており、構造が複雑で高価なためCPU内部のキャッシュメモリとして使われます。

メモリ不足は、どうやって確認する？

パソコンの仕組みを作業場にたとえると、メモリは作業を行う"机"にあたります（10ページ参照）。広い机があれば、作業員が何枚もの書類を同時に開いて作業ができますが、机が狭いと一枚の書類を片づけてから、次の書類を開くという具合で効率が悪くなってしまいます。だから机は広いほうが、つまりメモリの容量は多いほうがよい、となるのです。

とはいえ、机があまりにも広すぎても、使わないエリアが多くてムダですよね。それと同じで、必要となるメモリの容量はパソコンの使い方によって変わってきます。

では、今使っているパソコンのメモリ容量は不足していないのか？ それは「**タスクマネージャー**」で確認することができます。

1. ［スタート］ボタンを右クリックして、［タスクマネージャー］を選択します。
2. ［パフォーマンス］タブを開き、画面左の「メモリ」を選択しましょう。画面右上にWindowsが認識しているメモリの容量、グラフの下に使用中と利用可能なメモリの容量が数字で表示されます。

● 「使用中」と「利用可能」なメモリとのバランスを確認

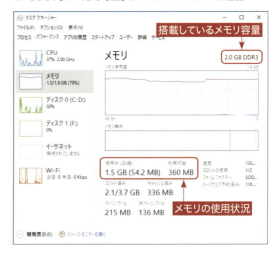

利用可能な数字が極端に小さいようなら、メモリ容量が不足する可能性があります。今の状況に、さらに別のアプリケーションソフトを起動するなどした場合、画面がスムーズに動かないなどの現象が出てくるかもしれません。その場合は、メモリを増設することを検討しましょう。

> まずはどのくらいメモリを搭載していて、どのくらい使用しているか確認してみよう！

Column 「メモリの増設をしよう！」と思ったら

　メモリの容量が不足すると、パソコンの動作が重くなったり、画面がカクカクと動くなど、操作にストレスを感じてしまいます。

　そこで「メモリを増設しよう！」となるのですが、パソコンによって使用できるメモリの種類が異なります。また、メモリを装着するスロット数に限りがある機種もあります。たとえばスロットが1つしかない機種なら、今使っているメモリを容量の大きなメモリと交換する、ということになります。

　それに搭載しているWindows10が32ビット版（24ページ参照）であれば、搭載できるメモリは4GBまでですので、仮にそれ以上のメモリを増設しても、Windowsが認識することができず、まったくのムダになってしまいます（ちなみに64ビット版なら、Windows10 Homeは128GB、Pro/Education/Enterpriseは2TBが利用可能な最大メモリ容量です）。

　メモリを増設する際は、自分のパソコンがどういった仕様になっているかを確認しなくてはなりません。メモリには複数の種類があり、対応するものでなくては利用できません。「確認作業が面倒だな〜」と感じる方に、I-O DATAの『対応製品検索エンジンPIO（ピオ）』とBUFFALOの『パソコン・プリンター用メモリー対応検索』というサイトをお勧めします。

　メーカー製パソコンなら、型番などの情報を入れるだけで対応する周辺機器を教えてくれます。ここで「メモリ」を選択すると、導入できるメモリの種類まで表示されますので、とても便利です。

● I-O DATAの『対応製品検索エンジンPIO（ピオ）』
　URL：http://www.iodata.jp/pio/pc.htm

● BUFFALOの
　『パソコン・プリンター用メモリー対応検索』
　URL：http://buffalo.jp/search/pc/

Column どうして使用可能なメモリが少なくなるのか？

　実装メモリをコントロールパネルなどで確認（10ページ参照）すると「実装RAM　2.00GB（1.89GB使用可能）」というように、使用できるメモリの容量が目減りしていることがあります。これって、なんだかソンした気分ですよね。

　実はパソコンのデバイス状況によっては、システムデバイスやグラフィックスメモリなどハードウェアの制御のために、あらかじめメモリ領域が確保されています。つまり搭載しているメモリすべてを私たちが使えない、という事情があるのです。

　また32ビット版Windows10の場合は、利用できるメモリは4GBまでという制限があり、実際に利用できるメモリは3.5GB程度です。パソコンのデバイス状況によっては、3GB程度しか利用できない場合もあります。

　実装しているメモリが目減りしているわけではなく、他で使われているだけなので、決してソンはしていません。どうか、ご心配なく。

009 Windowsの32ビット版、64ビット版って、どう違う?

メモリの話になると、使っているWindowsによって搭載できる容量が異なる点がクローズアップされます。Windows10にも32ビット版と64ビット版があり、どちらを使っているかによって搭載できるメモリ容量の上限が違いますし、アプリケーションソフトや周辺機器によっては使用できない場合も出てきます。

同じWindowsなのに、どこが違うのでしょうか?

「ビット」は扱う情報の最小単位

CPUの歴史のなかでも「8ビットCPU」(18ページ参照)という言葉が出てきていましたが、この「**ビット (bit)**」とはコンピューターが扱う情報の最小単位です。1ビットで2進数の「0」か「1」かを示します。コンピューターはすべて2進数で計算を行っています。

ここで学生時代に習った、2進数を思い出してください。1ビットでは「0」か「1」の2通りの情報を表しますが、2ビットになると「00」「01」「10」「11」と4通り (2の2乗) になります。4ビットでは16通り (2の4乗)、5ビットでは32通り (2の5乗) です。つまりビット数が「n」なら、「2のn乗」の情報を表す、ということになります。

32ビットCPUと64ビットCPUの違い

32ビット版Windowsは32ビットCPUを動かすため、64ビット版Windowsは64ビットCPUを動かすために開発されています。両者の違いは「**使えるメモリ空間が異なる**」点にあります。

では32ビットCPUと、64ビットCPUはどこが違うの? となりますよね。一言でいえば"設計思想(アーキテクチャー)"が異なります。

CPUはメモリに格納されたプログラムにある命令を1つずつ読み込んで実行します。その際、直接メモリからデータを取り出していると時間が掛かってしまうため、CPU内部の演算回路に近い部分に専用の領域を設けて、そこに格納します。この領域を「**レジスタ**」と呼び、このレジスタのサイズが32ビットなら32ビットCPU、64ビットなら64ビットCPUとなります。

メモリのアドレス管理における上限数

コンピューターにおいて、限られたメモリを有効に利用するために、いかに管理するかは重要です。メモリ管理はCPUとOSの協働によって行われます。

32ビットCPUは「**IA-32アーキテクチャー**」という設計思想の基でつくられており、メモリの管理方式が定められています。この方式について説明し始めると数十ページになってしまうので (興味のある方は、CPU関連の書籍を紐解いてくださいね)、ここではごくごく簡単に紹介しましょう。

メモリには「**アドレス**」という番地のようなものがあります。データをどこのアドレスに書き出すかを決めるために、管理しなくてはなりません。32ビットCPUの場合、扱える情報は2の32乗ですので、「4,294,967,296バイト」=約4GBとなります。つまり"番地を指定するにも、4GBまでしかアドレスを表せない"ということなのです。

一方「**IA-64アーキテクチャー**」を基にした64ビットCPUになると、扱える情報数は2の64乗ですので「18,446,744,073,709,551,615バイト」=約172億GBとなり、数字だけでいえばアドレスの指定は膨大! メモリの最大容量は青天井という感じです。とはいえ、いくら扱える情報数が多くても、OSやプログラムが対応できるサイズのほうに上限があります。つまり、64ビットCPUが搭載されていても"**4GB以上のメモリは扱えるけれど、パソコンの状況によって上限が決まってくる**"というわけです。

64ビット版へのアップグレードはOK

Windows10の32ビット版では最大4GBしかメモリを認識できないだけでなく、**1つのアプリケーションソフトで扱えるメモリが2GBまでという制約もあ**

ります。そのため、たとえば容量の大きい動画編集や1500万画素以上のデジタル画像の加工処理は時間が掛かります。また複数のアプリケーションソフトを同時に使う場合も、メモリを大量に使うものがあれば、レスポンスは悪くなります。

こういった悩みがある人は、使っているパソコンのCPUやマザーボード、グラフィックカードなどが64ビット対応ならば、Windows10を32ビット版から64ビット版に"変更"してメモリを増設する、という方法があります。

特にWindows7、8/8.1からWindows10に無償アップグレードしたのなら、旧バージョンが32ビット版ならWindows10も32ビット版になっています。これに64ビット版のWindows10をクリーンインストールしてもライセンス上、何も問題はありません（Windows10のHomeをProにアップグレードするわけではありませんので、そこはお間違いなく）。

なお、64ビット版のWindows10では、認識できるメモリ容量はHomeなら128GBまで、Pro以上の上位エディションでは2TBまでとなっています。

ちなみに2018年1月現在、実際に搭載できるメモリ容量は個人向けのパソコンで64GB、特注の業務向けで1TB搭載という機種がありますが、一般的な使い方をするなら8GBで十分です。

Column　Windows10の32ビット版を64ビット版に変更する方法

Windows10の32ビット版を64ビット版に変更するということは、"OSの入れ替え"です。実行する前に、必ずバックアップをとっておく必要があります。デジカメ画像や音声ファイル、アドレスブックやメールなどの個人用のファイル、自分でインストールしたアプリは消えてしまいますので、事前準備は万全に行った上で、次の手順で進めましょう。

なお、Windows7や8/8.1の32ビット版から、いきなりWindows10の64ビット版へアップグレードすることはできません。まずはWindows10の32ビット版にアップグレードを完了させ、それから64ビット版に変更する作業を行う、という手順になります。

1. マイクロソフトの公式サイトの『メディア作成ツール』をダウンロードしてUSBメモリもしくはDVDメディアでインストールメディアを作成します。
2. インストールメディアをパソコンにセットした状態で起動させると、Windows10のクリーンインストールが開始されます。もしセットアップ画面ではなく、通常のWindows10が起動してくる場合は、起動デバイスの順位をBIOS画面で変更する必要があります。この手順はパソコンによって異なりますので、メーカーのサイトなどで確認してください。
3. セットアップ画面では案内に沿って進めていきますが、途中「インストールの種類を選んでください」と表示されたら、「カスタム：Windowsのみインストールする」を選びましょう。なお、途中でプロダクトキーを求められますが、「スキップ」してください。すでにWindows10がインストールされている場合は、自動的にプロダクトキーが認証されます。
4. インストールが完了したら、[コンピューターの基本的な情報の表示]画面で[システムの種類]が「64ビットオペレーティングシステム」となっていることを確認しましょう。

● 『Windows10のダウンロード』
URL：https://www.microsoft.com/ja-jp/software-download/windows10

010 Windowsの後ろにつく文字が意味するものは？

パソコンになくてはならないOSとしてWindowsを意識すると、Windowsの後ろに付く「10」の数字が気になりませんか？ これはWindowsのバージョンを示しているわけですが、過去には『Windows95』や『WindowsXP』など西暦の下二桁や英字もありました。

ここで、Windowsの歴史とバージョン名のお話をしましょう。

Windowsの後ろの文字が意味するもの

CPUの性能が進化すると、その能力を活用するOSが開発される（20ページ参照）のですが、日本ではじめてWindowsがメジャーになったのは、1995年に発売された『Winodws95』です。それ以降の名称は、Winodwsの後ろにリリースされた時期を示す数字である、95、98、2000そしてミレニアムを示すMeが続きました。

2001年には、『WindowsXP』が登場。XPは「経験、体験」を意味する「eXPerience（なぜか「xp」だけ大文字にして目立たせる）」が語源でした。2006年にリリースされたVistaは、イタリア語では「光景」、英語では「眺望、展望」という意味がありました。

そして2009年にリリースされた『Winodws7』の「7」は、「第7世代のWindows」という意味です。

ここで急に"世代"がバージョン名に出てくるのですが、なんだかピンときませんよね。Windowsの最初のバージョンは、1985年にアメリカで発売された『Windows1.0』です。Windowsの歴史を世代でまとめると、次のようになります。

第1世代から第3世代まではバージョンナンバーで世代が異なることがわかります。95、98、Meが同じ第4世代とみなされるのは、OSの核となる部分（これを「**カーネル**」と呼びます）のバージョンが同じためです。

●Windowsの世代とバージョン

第1世代	1985年	Windows1.0
第2世代	1987年	Windows2.0
第3世代	1990年	Windows3.0
	1992年	Windows3.1
第4世代	1995年	Windows95
	1998年	Windows98
	2000年	WindowsMe
第5世代	2001年	WindowsXP
第6世代	2007年	WindowsVista
第7世代	2009年	Windows7

Windowsは世代ごとに根底となる内部カーネルが異なります。具体的には、95/98/Meはバージョン4.0、WindowsXPではNT系5.1、VistaはNT系6.0、7はNT系6.1です。2012年に発売された『Windows8.0』はNT系6.2、2013年に提供を開始された『Windows8.1』はNT6.3です。そして2015年にリリースされた『Windows10』は、いきなりNT系10.0となっています。6.3から10.0へと数字が大幅にアップしていますが、これはマイクロソフトがWindowsの名称とカーネルのバージョンが異なることによる紛らわしさを一気に解消に掛かったものと思われます（正式リリース前のベータ版では6.4と表記されていました）。

なお、カーネルバージョンの数字については、ユーザーが特に神経質になる必要はありません。「Windowsの後ろの文字は、こんなふうに付けられてきたんだな」という理解の仕方で十分です。

そして、今後は『Windows10』以外の名前を持つパソコン用OSは、マイクロソフトからは登場しないと思われます。ちょうど、iPhoneのOSがいくら進化しても、OS名がすべて『iOS』で統一されているように、です。これはWindowsの進化の歴史のなかでも大きな分岐点を迎えたことによりますので、詳しくは後述（42ページ参照）します。

Column　タブレットを OS 視点で選ぶなら

　持ち運びが便利で指でタッチ操作ができるタブレットは、ノートパソコンとも違う使用感で人気があります。各社から、さまざまな大きさ、タイプの製品が発売されているため、どれを選べばよいか迷う人が多いものです。そこで"搭載されているOSによって、どのタブレットを選ぶかを決める"ことをお勧めしています。

　タブレットのOSは『Windows』『Android』『iOS』の3種類です。それぞれ特徴が異なりますので、説明しましょう。

　Windowsが搭載されてるタイプは、着脱可能なキーボードが付いているタイプ（28ページ参照）があり、ノートパソコン感覚で利用できます。ただし価格がパソコン並みと高く、対応アプリの数が少ないという難点があります。

　AndroidはGoogleが開発したスマホやタブレット向けのOSです。国内外のメーカーから発売されているタブレットに採用されており、機種によって性能が異なります。最近は防水機能があったり、microSDカードスロットやHDMI端子を装備するものもあります。

　iOSはアップルの人気シリーズである『iPad』シリーズのOSです。2002年に登場した初代iPadから、高解像度で画面が見やすい点や操作性のよさには定評があります。ただし防水機能はありません。

● Androidタブレット
BNT-791W (2G)
(BLUEDOT)

● iOSタブレット
iPad Wi-Fi 32GB
(Apple)

Column　スマホを OS 視点で選ぶなら

　タブレットのOS話をしたら、「じゃあ、スマホはどうなの？」と思いますよね。

　スマホのOSは大きく分けて『iOS』と『Android OS』の2種類です（『Windows Phone』など他にもあるのですが、ほとんど普及していません）。前述（21ページ参照）のようにiOSはアップルの開発したものですので、iPhone以外の機種に搭載されてはいません。iPhone以外のスマホのOSは、Android OSが搭載されている、ということになります。

　つまりスマホを選ぶのは、OSで選ぶというより「iPhoneを選ぶのか、Androidを選ぶのか？」という二択になる、と考えてよいでしょう。

● Androidスマホ
Xperia XZ Premium
(nuroモバイルモデル)
(ソニーモバイルコミュニケーションズ)

● iOSスマホ
iPhone X (Apple)

Windows の後ろの文字は、Windows の進化の歴史を表しているのじゃ。

011 Windows10のタブレットとパソコン、どう違うかわからない

Windows10が搭載されているのに、タブレットのように画面を指でタップできる製品があります。これって、パソコンなのでしょうか？

「Windowsタブレット」という種類

タブレットとは、画面を触って操作ができるタッチパネル搭載の情報端末のことを指します。スマホよりも画面が大きいので見やすく、ノートパソコンよりも軽いため持ち運びが楽にできます。

Windows10はパソコンおよび8インチ以上のタブレット用のOSですので、「**Windows10が搭載されたタブレット**」という製品があります。Windows10の設定を「**タブレットモード**」にすれば、画面全体が「スタート画面」になり、マウスやキーボードを使うことなく、指でタッチすることで快適な操作ができます。

……と、これはタブレットとして販売されている製品なら当然のことですよね。

Windowsタブレットで「**デスクトップモード**」に設定すると、どうでしょう？ モードの切り替えは可能ですので、「スタート」メニューをはじめ、パソコンで見るデスクトップ環境に変更することはできます。

とはいえパソコンと同等に使用することは、難しいものです。パソコンに比べて、CPUの性能、メモリやストレージの容量などのスペックが低くなるタブレットでは、たとえばOffice系のアプリケーションソフトを導入しても、サクサク動くというわけにはいきません。むしろタブレットモードに切り替えて『OfficeSuite』アプリやOffice系のアプリを使うほうが快適です。ただし、これらのアプリはパソコン用の同種のアプリケーションソフトとまったく同じ機能が使えるものではなく、簡易版的なものです。閲覧だけなら問題ありませんが、編集となると操作が限られてしまいます。

同じWindows10が動くとはいえ、**タブレットとパソコンは"別モノ"**と考えるべきでしょう。

パソコンとタブレット、どこが違うのか？

パソコン、タブレット、スマホは構成する基本部品は同じ（9ページ参照）ですが、用途が異なるコンピューターです。

この"用途"にポイントを絞って説明するなら、**あらゆるデジタル情報（ファイル）をパソコンは"作成する"、タブレットは"見る"を目的とした情報端末**といえます。

パソコンでは、ビジネス文書の作成や画像の加工などが容易にできます。アプリケーションソフトを使って、さまざまな種類のファイルを編集したり、新たに作成するといった作業を難なくこなせるだけの高い性能を持っているのです。

それに対してタブレットは、どこにでも持ち運んで気軽にWebページを楽しんだり、電子書籍を読むといった**情報の閲覧が主な用途**ですので、携帯性や省電力性を重視した構成になっています。性能面からするとパソコンには劣りますが、そのぶん安価になっており、購入しやすいというところも利点でしょう。

高機能タブレット「2in1」タイプとは

タブレットのなかには、パソコン並みの高機能な製品もあります。キーボードが着脱可能なタイプで、「**2in1**（ツーインワン）」と呼ばれます。これは1台でタブレットとしてもノートパソコンとしても活用できるもので、「デタッチャブルタブレット」（デタッチャブルとは英語で「取り外し可能」という意味）ともいいます。

Windows10搭載の2in1といえば、マイクロソフト製の『**Microsoft Surface**』シリーズが有名ですが、NECやレノボなど多くのメーカーから発売されています。キーボードを付けたときはノートパソコン並に使えるようにスペックが高いため、価格も10万以上のものが多く、キーボードがない（別売りとなっている）一般的なタブレットと比べると高めです。

Windows10搭載の2in1は、ノートパソコンとしても使えるから、仕事でも活用できそうかな。

●Windows10搭載の2in1
Surface Pro 4（マイクロソフト）

PART 1　パソコンの中にはなにが入っているの？なにが動いているの？

Column　ノートパソコンを選ぶか、2in1を選ぶか？

　前述の2in1タイプなら、キーボードも付いているし、高性能なCPUを搭載した機種もあるので、Office系のアプリケーションソフトを使うことも可能です。ノートパソコンとほぼ同等の使い方ができる機種が多いのですが、ここは判断の難しいところです。

　というのも、私自身がSurface Proを2年間使ってみて「あまり仕事向きではない」と感じたからです。まずキーボードが小さくて、入力作業が長時間になると肩や腕が辛くなる。USBポートがないのでUSBメモリや周辺機器の接続ができない。HDMI端子がないので、プロジェクターにつないでプレゼンすることができないと、使い勝手の悪さを実感したからです（そのわりに値段が高い！）。

　そしてノートパソコンと違って、バッテリーが壊れたら、自分で交換することができないという点も「う～ん、これは困る」と思いました。2in1タイプに限らず、タブレットはバッテリー交換ができないものが多く、使用状況によっては利用できる年数が限られてきます。

　私のような仕事でも趣味でもパソコンを使ってきた者には"仕事はパソコン、趣味はタブレット"と分けて使ったほうが快適、という結果に至りました。ご参考まで。

Column　私事で恐縮です。今やパソコンは気軽に買い替える家電製品ですね……

　パソコンという文明の利器に巡り会って、はや二十数年。当初は限られた資金で、どうすれば自分が満足できるマシンが手に入るのか──ということばかり考えていました。街には大型家電店のほかにパソコン専門店が並び、一日に何件もまわってはカタログやチラシを集めたものです。

　熟考を重ねた末に購入したパソコンは、まさに"我が友"という存在。メモリやハードディスクを増設しながら、CPUのオーバークロックに精を出し、新しいWindowsが登場したらアップグレード版をドキドキしながらインストールして……。

　それが今は、どうでしょう。パソコンが欲しくなったら、まずネットで探します。スペック表をチェックして機種が決まれば、次は価格。信頼できるショップのなかで最安値のものをブラウザー上で"ポチ"っと押し、クレジットカードで決済して完了。在庫さえあれば3日もせずに届きます。

　こんなに簡単にパソコンを購入するようになったのは、技術進化による低価格化が一番大きな要因です。昔は30万近く出して購入したパソコンだからこそ愛着があり、チューニングしてパワーを上げて使い続けることは、大変ながら楽しくもありました。ところが今は最新の機種でも、10万前後の価格で手に入るという気軽さのほうが勝ってしまうのです。

　いつの間にか、パソコンも"古くなったら買い替える"という家電製品と同じ感覚で使う時代となってきました。消費者としては、安くて高性能なマシンを購入しやすい状況を歓迎すべきでしょう。とはいえ、Windows95でにぎわっていた頃に比べると、誰もがパソコンに注ぎ込む情熱が薄くなったようで、ちょっぴり淋しくもあります。

012 「昔に比べるとWindows10は起動が速い」のは、なぜ？

　パソコン本体の電源ボタンを押してから、Windowsが使える状態になるまでを「起動時間」と呼びます。
　一般的に「Windows10は起動が速い」といわれていますが、その仕組みをお話ししましょう。

かつては起動に時間が掛かっていたのだ！

　Windows10が最初からインストールされていたパソコンを使っている人は、電源ボタンを押してからロック画面が表示されるまでの間が"待ち長い"と感じることは、あまりないでしょう。実はWindows7以前のパソコンでは、OSが起動するまで30秒以上の時間が掛かっていました。
　電源ボタンを押されてからロック画面が表示されるまでの間、パソコン内部で起きていることを簡単に説明します。電源を投入後、すべてのパーツに電気が流れると、一番に動き出すのはCPUです。CPUはマザーボードに装着されているフラッシュROMにアクセスして、「BIOS」というプログラム（マザーボードによっては「UEFI」モードになっている機種もあります）を読み出します。
　CPUに命じられたBIOSは、まずビデオカードを初期化して表示ができる状態にします。私たちはディスプレイ画面を通してパソコンを操作するのですから、真っ先に正常であるかを確認するのです。
　もしビデオカードに異常があってディスプレイ画面にエラーを表示できない場合、パソコンは"音"で知らせてくれます。マザーボードには「ビープ音」と呼ばれる音を発する機能があります。画面表示ができない、あるいは起動の早い段階でエラーが起きた場合は、「ピー、ピー、ピー」というような音で異常を知らせてくれるのです。どの音がどんなエラーを示しているかはマザーボードによって異なりますので、パソコンやマザーボードのメーカーサイトで確認してください。
　ビデオカードの次は、メモリやハードディスク、キーボードなどに異常がないかをチェックします。これを「POST」(Power On Self Test)」と呼びます。
　POSTが終了するとWindowsのカーネルの起動のために必要なデバイスドライバー（32ページ参照）の読み込みと初期化が行われます。これが終わると追加のデバイスドライバーの読み込みと初期化の実行へと進みます。そしてログイン画面の表示となるのです。

「高速スタートアップ（ハイブリッド・ブート）」という機能

　このようにWindowsが起動するまで、いろいろな処理が実行されているのですが、このなかで一番時間が掛かるのがデバイスドライバーの読み込みと初期化です。そこでWindows8以降は、この処理を短くするための技術である「高速スタートアップ（ハイブリッド・ブート）」が採用されています。
　これは最後にシャットダウンしたときのCPUやメモリ、Windowsのカーネルの状態を休止ファイルとして起動ドライブのあるハードディスクやSSDに記録しておくというものです。次の起動時にはこれらのデータを読み取って、デバイスドライバーの初期化のみ行うことで起動時間を速めています。
　パソコンの電源をオフにする際、「休止状態」を選んでも高速に復帰できます。しかし、これはデバイスドライバーの初期化は行わず、前回の状態をそのまま復元するため、Windowsが不安定になる可能性が残ります。それに対して高速スタートアップではその心配がありませんので、むしろ休止状態は利用する必要はないでしょう。
　なお、Windows10では初期状態で高速スタートアップが有効になっており、この技術のおかげもあって、私たちは「Windows10は起動が速い」と感じるわけです。

> パソコンが起動するまでには、いろいろなことが行われているのね。

Column　高速スタートアップを無効にしたい

　高速スタートアップによりWindowsの起動が速くなったのはよいけれど、パソコンの状況によっては、トラブルの元になることがあります。

　そもそも、この技術は"前回に終了した時と今回はデバイスの構成が同じ"ということが前提条件です。シャットダウンした後にデバイスが変更になった場合は、その条件に合いませんので、エラーが起きる可能性があります。

　周辺機器を変更したり、デバイスドライバー関係で不具合が生じているなど"高速スタートアップを使いたくない"ときは、「再起動」をしましょう。Windows10の場合、シャットダウンからの起動と再起動では、起動のプロセスが異なります。再起動では高速スタートアップが適用されませんので、前回の構成は引き継がれず、完全にリセットされます。

　また、デバイスの変更をよく行うなど、パソコンの使用状況によっては、この機能を無効にしておきたい人もいるでしょう。その場合は、次の手順で設定を変更できます。

1. [スタート]メニューの[設定]ボタンを押して[システム]を選択します。
2. 画面左で[電源とスリープ]を選んで[電源の追加設定]をクリックします。
3. [電源オプション]画面が開きますので、画面左の[電源ボタンの動作を選択]をクリックします。
4. [現在の利用可能ではない設定を変更します]をクリックして、[シャットダウン設定]にある「高速スタートアップを有効にする」のチェックマークを外して[変更の保存]ボタンを押します。

●高速スタートアップを無効にする

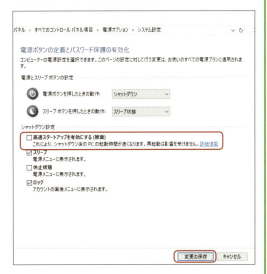

　最近のパソコンは技術の進化により、Windowsの起動時間はさほど遅くはありません。高速スタートアップを無効にしても、ストレスを感じるくらい起動時間が遅くなることはないでしょう。起動時のエラーが気になるなら、無効にしておいてもよいですね。

●Windows起動の流れ

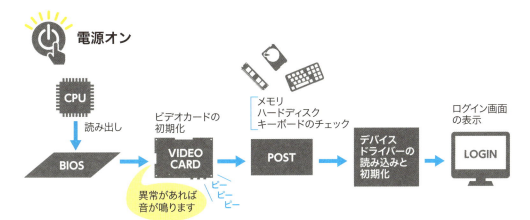

013 真っ先に確認される「デバイスドライバー」って、なに？

パソコンを起動するとき、もっともチェックに時間が掛かる（といっても、数十秒なのですが）のは、前項で紹介したように「デバイスドライバー」というソフトウェアの読み込みです。

では、デバイスドライバーとは、パソコンにとってどういう役割があるのでしょうか？

デバイスドライバーって、なに？

Windowsが起動する前に恐ろしく速いスピードで読み込まれる**デバイスドライバー**(Device Driver)の「デバイス」とは「仕掛け、装置」、「ドライバー」は「運転手」を意味します。デバイスドライバーとは"機器を制御する"プログラムです。各機器を動かす運転手だと考えてください。このプログラムがメモリに読み込まれることで、マウスやキーボードはもちろん、接続しているいろいろな周辺機器が使えるようになります。

デバイスドライバーの役割は、Windowsが周辺機器を制御する際の"橋渡し"です。デバイスドライバーとハードウェアは必ず1対1で対応しており、デバイスドライバーがパソコンに組み込まれていないハードウェアは使うことができません。たとえばプリンターを新たに購入したら、つなぐパソコンに必ずデバイスドライバーをインストールする必要があるのです。

デバイスドライバーを自分で入れた覚えがないんだけど？

デバイスドライバーの存在を知ると、自分のパソコンにプリンターをつないだとき、「特に何もしなかったけど、フツーに使えたよ」という人がいるでしょう。これはWindowsが、つながれたハードウェアの最適なデバイスドライバーを自動的に組み込んで、使えるように設定してくれたためです。

この機能は**プラグ&プレイ**と呼ばれ「プラグ」は「接続する(Plug)」、「プレイ」は「使える(Play)」という意味があります。文字通り"つないだだけで使える"たいへん便利な機能です。

通常、プリンターなどを購入するとデバイスドライバーが入ったDVDメディアなどが付属しています。これを自分のパソコンにインストールするのですが、Windows10が標準的なデバイスドライバーをあらかじめ持っていますので、その必要がない場合もあります。そのためデバイスドライバーの存在を知らないまま、周辺機器を使っている人も多いものです。

とはいえ、Windowsが最適なデバイスドライバーを持っていない、もしくは最新のものでない場合は自分でインストールすることになります。インターネットに接続している環境なら『**デバイスマネージャー**』を使って自動インストールをしましょう。

1 [スタート]ボタンを右クリックして[デバイスマネージャー]を選択します。

2 最新のものに更新したいドライバー名を右クリックして[ドライバーソフトウェアの更新]を選択します。

3 自動検索とインストールに関する画面が開きますので、[ドライバー ソフトウェアの最新版を自動検索します]を選択すると、最新版のドライバーが検索されインストールされます。

なお、デバイスドライバーの画面では、問題が起きているドライバーがないかを確認することができます。デバイスドライバーが存在しないものは「ほかのデバイス」という項目に表示され、「？」や「！」マークがついていますので、最新のドライバーを入れるようにしましょう。

Column｜Windows10 の設定は「神モード」でやる！

Windows10を初期設定のまま使い続ける必要はありません。自分の使いやすいように、どんどん設定を変更してよいのです。

とはいえ「どこで設定が変えられるのか？」と迷ってしまいますよね。Windows7以前からのユーザーにはおなじみの「コントロールパネル」もあれば、「設定」という画面もあり、どこからやればいいものやら。いずれはどちらか（たぶん新しく登場した「設定」画面）に一本化されるのでしょうが、ここで提案です！

Windows10には「**神モード（GodMode）**」と呼ばれる"**隠し設定画面**"があります。**すべての設定項目が一覧表示される**という、むちゃくちゃ便利な機能なので、ぜひ利用してください。

神モードの表示の仕方は簡単です。

1. デスクトップのなにもない場所で右クリックをして［新規作成］から［フォルダー］を選択します。
2. 作成したフォルダーの名前を下記の文字列に変更しましょう。なお「神モード」の部分は「GodMode」でもかまいません。

`神モード.{ED7BA470-8E54-465E-825C-99712043E01C}`

3. フォルダー名を変更すると右上のようなアイコンに変わり、これをダブルクリックすると、設定項目が一覧表示されます。

ぜひ試してほしい隠し機能じゃ！

なんといっても名前がいいね。上級者になった気分。

Column｜Windows を起動中に抜き差ししている機器のデバイスドライバーは？

パソコンにつないで使う周辺機器のデバイスドライバーは、Windowsが起動する前にチェックされているのなら「起動している最中に抜き挿ししているUSBメモリって、どうなっているのだろう？」と思いますよね。

IEEE1394やUSB、PCカードスロットなど、パソコンの電源を入れたまま接続できるものを「**ホットプラグ対応**」「**活線挿抜（かっせんそうばつ）が可能**」な機器と呼びます。これらのデバイスドライバーはパソコンに接続した時点で、「割り込み」が発生してWindowsが自動的に新しいハードウェアの検索とデバイスドライバーの読み込みを行っています。これを「ダイナミック（動的な）ローディング」と呼びます。

デバイスドライバーはパソコンの起動時のみに読み込まれるわけではない、ということなのです。

014 サインインするときのアカウントのことが、よくわかっていない

　Windowsが起動すると、まずは自分のアカウントにサインインします。アカウントには「**Microsoftアカウント**」と「**ローカルアカウント**」の2種類がありますが、どちらを使っていますか？ そう問われると「サインインするアカウントに種類があるの？」と驚く人がいるでしょう。

　Windows10にある2種類のアカウントについて説明しましょう

自分で決めたアカウントは、どっち？

　パソコンを購入して電源を入れると、最初にWindows10をセットアップする画面が表示されます。表示される案内に従って必要な項目を入力していくわけですが、途中で「アカウントを作成しましょう」と促されます。パソコンがインターネットに接続されている環境なら、表示されるのはMicrosoftアカウントの作成画面です。そのまま指示通りに操作したのであれば、Microsoftアカウントが取得できています。

　このときパソコンがインターネットに接続されていない、もしくは「自分用にセットアップする」画面で「この手順をスキップする」を選んだ場合は、ローカルアカウントでの作成となります。

Microsoftアカウントのメリットは？

　Microsoftアカウントとは、マイクロソフトの個人認証システムであり、<mark>クラウド上でアカウント情報を管理</mark>します。Web上で利用するOutlook.comやOneDriveなどのサービスにサインインするためのメールアドレスとパスワードの組み合わせです。

　以前に『Windows Live ID』と呼ばれていたもので、2012年にこの名称に変更になりました。そのため古くからのWindowsユーザーなら、すでにMicrosoftアカウントを持っている、という人もいるでしょう。

　パソコンへのサインインとして利用するようになったのは、Windows8からです。セットアップ時にすでにMicrosoftアカウントを持っているならそれを使ってもよいし、新規で作成してもよい、という仕様になっており、これはWindows10も同様です。

　Microsoftソフトアカウントのメリットは、マイクロソフトが提供するさまざまなサービスを利用できる（これを「**シングルサインオン機能**」と呼びます）だけでなく、複数のパソコンで同一のMicrosoftアカウントでサインインすれば個人設定をオンラインで同期してくれる点にもあります。設定しているパソコンのテーマや壁紙、ブラウザーのお気に入り、インストールしているアプリなどの共有が可能となりますので、自宅ではデスクトップ型、外出時はノートパソコンを愛用している、といった人には便利です。

● Microsoftアカウントで利用できる代表的なサービス

Outlook.com	無料のWebメールサービス
OneDrive	オンライン ストレージサービス（5GBまで無料）
ストア	Windowsストアからアプリをダウンロードできる
Skype	Skype 間通話やファイル共有、ビデオメッセージなどの利用
Xbox Live	Xboxのゲームのダウンロードやメッセージ、ボイス チャットなどの利用

ローカルアカウントは、どんなとき使うもの？

　ローカルアカウントとは、Windows7以前に「ユーザーアカウント」と呼ばれていたもので、<mark>パソコン内でのみアカウント情報を管理</mark>します。Microsoftアカウントのようにメールアドレスは必要なく、パソコンに登録したユーザー名とパスワードを使ってWindows10にサインインします。

　ローカルアカウントでサインインすると、インストールされているアプリケーションソフトを使用するのには問題ありませんが、マイクロソフトの提供するインターネット上のサービスが使えません。これらのサービスを利用したいときは、改めてMicrosoftアカウントでのサインインが必要となります。

インターネットに接続できないといった理由がなければ、利便性を考えるとMicrosoftアカウントでのサインインがお勧めです。しかし、仕事でパソコンを使っている場合など気密性の高いファイルを扱っているのであれば話は別です。誤ってオンラインストレージのOneDriveに保存していたファイルが、悪意のある第三者に盗まれるという可能性がゼロとはいえません。そういった懸念があるなら、日頃からローカルアカウントで利用したほうが安心です。

> **Column** Microsoftアカウントの同期を無効にしたい
>
> 複数のパソコンを同じ環境で利用できることが、決して利点ではないという人、Microsoftアカウントの同期機能をオフにしましょう。
> ［アカウント］画面の左にある［設定の同期］をクリックすると、同期そのものをオフにすることもできれば、たとえば「テーマ」だけ同期しないなど項目を選んで一部機能をオフにすることも可能です。

どのアカウントを使っているのかわからないときは

どの種類のアカウントを使っているのかわからない場合は、次の手順で確認しましょう。

1. ［スタート］メニューから［設定］ボタンをクリックし、［アカウント］をクリックします。
2. 画面のユーザー名の下にメールアドレスが表示されていればMicrosoftアカウントでサインインしています。
3. ユーザー名の下に「ローカルアカウント」と表示された場合、画面下の「Microsoftアカウントでのサインインに切り替える」の文字をクリックすると、新たにMicrosoftアカウントを取得するためのウィザード画面が開きます。

●ローカルアカウントを使用している

セットアップ時と同じ画面が開き、Microsoftアカウントの作成が可能

015 パスワードは時代遅れ？「PIN」ってなに？

Windows10の設定ウィザードでMicrosoftアカウントを取得すると、「パスワードは時代遅れです」という、センセーショナルなメッセージが表示されます。その画面の右下に「PINを使用します」というボタンが表示されます。「PIN」ってなんでしょう？

マイクロソフトが推奨するデバイスに保存する暗唱番号

前述のMicrosoftアカウント、ローカルアカウントではパスワードを設定できます。でも「それでは足りない！」とマイクロソフトが用意したのが「**PIN**（ピン）」という暗証番号です。

従来のパスワードは、いくら複雑な文字列で設定していても、第三者に盗み見られてしまえば簡単に破られてしまいます。パスワードの認証先がインターネットであるMicrosoftアカウントの場合はネット上で情報を盗まれる危険性があり、メールアドレスとパスワードが人手に渡ってしまうと、クレジットカードの登録があれば一大事！ ストアでアプリや音楽、映画など有料コンテンツを勝手に購入されれば金銭的な被害を被ってしまいます。またメールアカウントを乗っ取られて、ウイルスメールの送信先に使われては、あなたの社会的信頼度は地に落ちてしまうでしょう。

そういった事態を回避するため、PINはパソコンなどのデバイスが認証先となっています。仮にPINのパスワードを第三者に知られても、他のパソコンからでは認証されません。あくまでもPINは設定したパソコンとセットでしか使えないのです。

PINはWindows8では4ケタの数字でしたが、Windows10では英字と記号を含めて4文字以上127文字以下で設定できますので、他人には推測されないような組み合わせで登録しておきましょう。

設定方法は簡単です。

1 [スタート]メニューから[設定]ボタンをクリックし、[アカウント]をクリックします。

2 画面左の[サインインオプション]をクリックし、[PIN]にある[追加]ボタンを押します。

● 「PIN」はいつでも設定可能

3 表示された画面で、まずサインインしているアカウントのパスワードを入力して[サインイン]をクリックします。

4 [PIN]のセットアップ画面で、PINの暗証番号を設定します。

● 暗証番号の文字数は、かなり多くても設定可能

ちなみにPINは、ローカルアカウントでも設定は可能です。

設定が完了したら、日頃はPINでサインインするようにします。もしPINの暗証番号を忘れてしまったら、サインイン画面の[サインインオプション]をクリックしてアカウントのパスワードを使いましょう。サインインした後、[設定]画面でPINの暗証番号を変更してください。

016 「ロック画面」って必要なのか

パソコンを起動した直後やスリープ状態に入ると「ロック画面」と呼ばれる画面が表示されます。マウスやキーボードを少しだけ触るとサインイン画面に切り替わるのですが、これって何のためにあるのでしょうか？

タブレットPCには必要な機能

ロック画面は、ズバリ"タブレットには重宝する"機能です。

タブレットを使う人の多くは、電源を入れたまま移動します。ディスプレイにはタッチ機能がありますので、移動中に画面に触れてしまうと思わぬ操作が行われてしまいます。そういった不測の事態を回避するために、画面にロックを掛けているわけです。

とはいえ、デスクトップ型やノートパソコンでは必要ないと感じる人がいるでしょう。使っているWindows10のエディションが「Pro」であれば、ローカルコンピューターポリシーの設定で非表示にできます。しかし「Home」では残念ながら設定の変更はできません。実は以前、レジストリを変更すればHomeでも可能だったのですが、2016年8月に行われた「Anniversary Update」（41ページ参照）以降は非表示にはできなくなっています。

どうせなら、楽しんで使い倒そう！

どうやらマイクロソフトはロック画面を強力に推奨しているようです。せっかくですから、楽しんで使っていきましょう。

ロック画面には「Windowsスポットライト」という機能があります。これはマイクロソフトがお勧めの画像をロック画面に表示してくれるもので、美しい写真がランダムに表示されます。もし気に入らない画像があれば画面上で「好みではありません」を選択すると、別の画像に差し替えてくれます。

当初はビジネスシーンにはそぐわないとの判断があったのか、Windows10のHomeでしか利用できませんでした。ところが今（詳しくはビルド10586のアップデート以降）ではProでも利用できます。

この機能を使いたいときは、以下のように設定します。

1. [スタート]メニューから[設定]ボタンをクリックし、[個人用設定]をクリックします。
2. 画面左の[ロック画面]をクリックし、[背景]メニューをプルダウンして「Windowsスポットライト」を選択します。

なお、Windowsスポットライトを無効にしたいときは、メニューにある「画像」または「スライドショー」を選択してください。

●「Windowsスポットライト」を選択

ロック画面の写真を壁紙に使いたい

Windowsスポットライトで表示される画像は、バックグラウンドでダウンロードされています。つまり自分のパソコンの中に画像は保存されているわけで、気に入ったものがあれば壁紙などに活用することは可能です。

なお画像は隠しフォルダーに拡張子を除いた状態で保存されています。まずは隠しフォルダーを表示するように設定して、次ページのパス（103ページ参照）を開いてください。

ファイル名から、どれが画像であるかは判断がつか

ないのですが、サイズが300KB以上のファイルが画像のようです。

```
C:¥Users(ユーザー)¥ユーザー名¥AppData¥
Local¥Packages¥Microsoft.Windows.
ContentDeliveryManager_cw5n1h2txyewy¥
LocalState¥Assets
```

ここにあるファイルを『ペイント』で開くか、別の場所にコピーして、ファイル名の後ろに拡張子（95ページ参照）である「.jpg」を付けるとファイルを開くことができます。

こうして入手した画像をロック画面の「画像」や壁紙に設定すれば、いつでも楽しむことができます。

ただし著作権の問題がありますので、あくまでも個人で利用する範囲内にとどめておきましょう。

Column　ロック画面をカスタマイズ

　ロック画面には初期設定で「カレンダー」アプリのステータスが表示されています。ここに自分の必要なアプリのステータスを設定することが可能です。

　[ロック画面]設定の「簡易ステータスを表示するアプリを選ぶ」にある「+」をクリックすると、ステータスを表示できるアプリが一覧で出てきます。サインしなくても見たい情報アプリがあれば、追加しておくとよいでしょう。

追加可能なアプリ
天気／Skype／アラーム&クロック／／カレンダー／メール／ストア／Xbox／電話／メッセージング／Mixed Reality Viewer／Microsoft Store など

● 300KB以上の容量があるファイルが画像と思われる

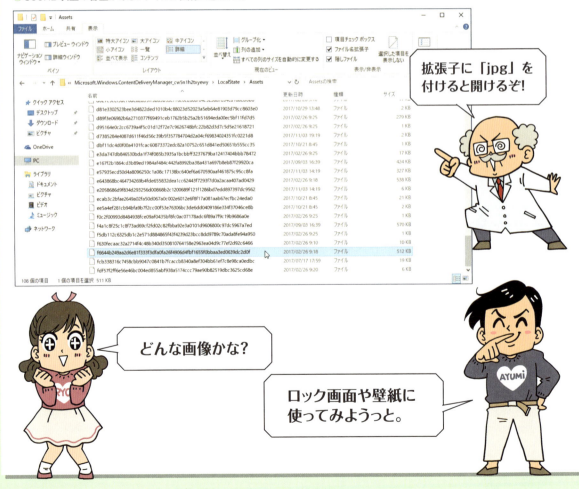

017 Windows10の「スタートメニュー」と「スタート画面」って別モノ？

ロック画面にパスワードを入力してサインインすると、通常デスクトップ型やノートパソコンなら「**スタートメニュー**」、タブレットPCなら「**スタート画面**」が表示されます。両者は"違うもの"なのでしょうか？

Windows10はパソコンだけでなく、タブレット用OSでもあるのだ

Windowsシリーズはパソコン用OSとして進化してきましたが、2012年に登場した『Windows8』は従来のパソコンに加えてタブレットにも対応するOSでした。そのためサインインした直後には、タイル状の絵柄が並ぶ「モダンUIスタイル（もしくはMetroスタイル）」と呼ばれるスタート画面が表示されました。インストール済みのアプリが画面いっぱいに並んでいるスタイルは、タブレットなら使いやすいものですが、パソコンでは違和感があったもの。Windows7までのユーザーが馴染んできたデスクトップ画面を開きたいときは、[スタート]ボタンを押すなどの一手間が必要なのは、使い勝手の悪いものでした。

そういったユーザーの反響から、インターフェースの見直しが行われたのでしょう。2015年にリリースされたWindows10は、Windows8と同様パソコンおよびタブレット用のOSである点は変わらず、**デスクトップモード**、**タブレットモード**という表示モード切替機能が搭載されたのです。

デスクトップモードでは、Windows8で廃止されたスタートメニューが復活。ただしデザインは、従来のスタートメニューが左側に、Windows8にあったアプリ一覧のタイルが右側に表示されているような感じです。メニュー自体のサイズ変更やタイルのカスタマイズも可能です。

タブレットモードは、インストール済みのアプリがタイル状に全画面に表示されます。これはタッチ操作を想定した、その名のとおり、スタート画面です。ただし、このモードを利用しているときは、デスクトップ環境での使用はできません。

●デスクトップモード

●タブレットモード

スタートメニューとスタート画面、実は"同じもの"です。表示されるのが全画面か否かの違いのみで、タイル状のアイコンはいずれもライブタイル対応など要素は同じ。表示できる数が異なるだけです。

モードの切り替えは、画面右下部のタスクバーにある[通知]ボタンを押して「アクションセンター」を表示させ、「タブレットモード」をオフにすればデスクトップモードになります。

Column アプリの閉じるボタンはどこ？

パソコンでも特定のアプリしか使わないなら、タブレットモードのほうがイイかも、と思った私ですが、アプリの画面に ❌ [閉じる]ボタンが見当たらず、終了の仕方がわからない。タッチ機能がないディスプレイでは、どーすればいいの？

マウスカーソルを画面の右上に移動させると出てくることに気づくまで、長い道のりでした……。

> **Column** 「機内モード」ってなに？
>
> アクションセンターには「機内モード」があります。このモードでは、ワイヤレス通信を停止することができますので、飛行機内などワイヤレス通信が禁止されている場所でオンにしましょう。
> 「機内モード」のタイルをクリックすることでオン/オフの切り替えができますが、右クリックすると[設定を開く]という項目が表示されます。これをクリックするとワイヤレス通信をしているデバイスごとにオン・オフの設定ができます。使用しているパソコンがサポートしているもののみ、項目として表示されます。具体的には「Wi-Fi（無線LAN）」「Bluetooth」「モバイルブロードバンド」「GPS」などです。

018 Windows10は「Windows Update」が多い気がするけれど、本当のところは？

インターネットに接続している環境なら、Windows10に更新プログラムが配布されると、自動的に『Windows Update』が起動します。このタイミングがWindows8.1以前に比べると、多いと思いませんか？

Windows10から更新のタイミングが変更に

Windows8.1以前では、更新プログラムの提供は「毎月第二火曜日（日本では第二水曜日）」でした。セキュリティ関連など緊急性の高いものは、その限りではないのですが、さほど数は多くありませんでした。

対してWindows10では、更新プログラムの適用が随時に変更されています。そのため、Windows Updateの実行やそれに伴う再起動の回数は増えています。

ただし、これまでと違って更新プログラムが個別に配布されるのではなく、過去の更新プログラムが新しい更新プログラムに含まれる形になっています。

Homeでは、ユーザーがタイミングを調整できない

基本的にWindows Updateの更新オプションは「自動」に初期設定されており、更新プログラムのインストールは自動的に行われ、"パソコンが使用されていない"とシステムが判断すると勝手(！)に再起動します（ちょっと驚きですよね）。

なにもかも自動でやってくれるので便利と思いきや、思わぬタイミングに再起動が掛かって、保存していないファイルがきれいさっぱり消えてしまう（91ページ参照）ということもあります。

そんな事態を回避するために、Windows Updateのスケジュール設定をしたいところですが、残念ながら『Windows10 Home』にはその機能はありません。パソコン上級者ならレジストリを変更して……と考えるところですが、それも現時点では不可能です。

なお上位エディションであるであるPro／Enterprise／Educationでは「ポリシー設定」機能を使って調整することが可能です。

Homeユーザーにとって、自由度がないこの仕様には頭を抱えるところですが、マイクロソフトは評判が悪くても、悪意のある者からユーザーを守るための苦肉の策なのでしょう。

なお、大規模なアップデート（次ページコラム参照）は事前に公開日がアナウンスされますが、すべてのパソコンがその日にアップデートされるわけではありません。順次（どういう順番なのでしょうね？）実施されます。

いつアップデートされるのか不明なんてイヤだ！という方は、公開日以降に[設定]画面の[更新とセキュリティ]をクリックして[更新プログラムのチェック]ボタンを押し、手動で実行しましょう。

Column 「アクティブ時間」の設定で不測の事態を回避

　仕事中、ちょっとトイレに行ったスキにWindows Updateによる再起動が掛かって「わぁ〜」とあわてた経験はありませんか？ そんな悲劇を防ぐため、バージョン1607でHomeエディションには「**アクティブ時間**」という設定オプションが追加されました。これにより、設定している時間内は再起動されません（なおバージョン1703では、Pro、Enterprise、Educationエディションのみ「更新の一時停止」機能が装備されました）。

　[設定]画面の[更新とセキュリティ]を選択して、画面左で[Windows Update]をクリックします。画面右の[アクティブ時間の変更]を押すと、設定画面が表示されます。初期設定では8時から17時になっていますので、パソコンの使用時間に合わせて変更しましょう。

●時刻の数字部分をクリックすると選択項目が表示される。今は時間単位でのみ設定可能。

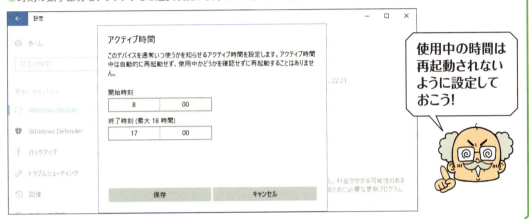

> 使用中の時間は再起動されないように設定しておこう！

Column バージョンとOSビルドが進化のあかし

　Windows10は自動的にWindows Updateによって更新されていきますので、どれも同じバージョンのはず。とはいえアップデートのタイミングは、パソコンによって異なります。

　自分が使っているWindows10の素性は「**バージョン**」や「**OSビルド**」で確認することになります。[設定]画面の[システム]にある[バージョン情報]を開くと記載されています（11ページ参照）。

　バージョンは大規模な機能アップデートに関する4桁の通し番号（たとえば2017年4月にリリースされた『Creators Update』はバージョン1703、10月にリリースされた『Fall Creators Update』は1709）です。そしてOSビルドは小規模なアップデートに関する「5桁＋小数点以下」の通し番号です。

　ちなみに最初のアップデートのバージョン1511は11月に行われたことから『November Update』、バージョン1607の『Anniversary Update』はWindows10がリリースされて一周年ということ、1703の『Creators Update』は主にクリエイター向けの機能が追加されたこと、1709の『Fall Creators Update』は秋に公開したことを意味しているとか。これらの名称はバージョン情報の画面には記載されていません。

　マイクロソフトは機能追加を含む大規模なアップデートを年に2回、3月と9月を目標に開発していくことを発表しています。今後どんな名称を持つアップデートが登場するか、ちょっと気になりますね。

> Windows10は年に2回の大規模アップデートで進化し続けるのじゃ。

019 WindowsXPが使えなくなったように、10もいつか使えなくなるのか？

　2014年4月8日（日本では9日）、長い間多くの人から愛用され続けた『WindowsXP』のサポートが終了しました。これに合わせてWindows8にアップグレードしたり、パソコンそのものを買い替えた人もいたでしょう。

　では、Windows10もいつか"使えなくなる日"がくるのでしょうか？

なぜXPが使えなくなったのか？

　ちょっと話をOSのことに戻します。OSはパソコンの基本ソフトウェア（20ページ参照）としてたいへん重要なものです。とはいえ人間が作成したプログラムですので、なかなか"完璧"とはいきません。リリースした後に、欠陥（バグ）やセキュリティの脆弱な部分（**セキュリティホール**）が見つかることは多々あります。そういった"不完全な部分"を狙って、不正に侵入してくる悪意のある者やウイルスは後を絶ちません。

　マイクロソフトはユーザーを守るために、Windowsの弱点が見つかれば、直ちに修正プログラムをWindows Updateを使って提供します。これはWindows8.1まで、どの製品でも行われてきた万全なアフターケアです。

　ただし、このアフターケアは期限付きです。マイクロソフトが定めた『メインストリームポリシー』というルールがあり、サポート期間が過ぎると修正プログラムの配布がなくなります。サポートが終了したWindowsは、どんなセキュリティホールが見つかっても修正されません。いつウイルスや不正アクセスの被害にあうかわからないため、そのWindowsは"利用できない"ということなのです。

　食品にたとえるなら、"賞味期限が切れた"状態になり、食べて腹痛を起こしても文句はいえないシロモノになった、というわけです。

Windows10では新たな理念『WaaS』を導入

　XPのサポートが終了したとはいえ、機械的に壊れていなければパソコンは動き続けます。

　「高いお金を出して購入したパソコンが、壊れてもないのに使っちゃダメなんて納得できない」と思った人は少なからずいたでしょう。もしかしたら、腹痛……ではなく、ウイルス感染を覚悟の上、まだXPパソコンを使っているという人もいるかもしれません（もし、そうなら直ちに止めましょう）。

　そこでWindows10では、新たに「**Windows as a Service**（ウィンドウ・アズ・サービス、略して**WaaS**）」という理念が導入されました。コンセプトは、「デバイスの寿命まで、それを常に最新の状態で使えるようにアップデートし、機能を提供し続ける」というものです。これにより"サポート期間の終了"ということはなくなりました。

　ひとたびWindows10となったパソコンやタブレットなどは、本体が壊れるまで最新の状態で使い続けることができます。言い換えれば、パソコンが機械的に壊れるまで、OSのバージョンアップに費用も手間も掛からない、ということなのです。

これはスマホユーザーなら、すんなり理解できるでしょう。iPhone搭載のOSである『iOS』が、所有しているiPhoneにおいては、新しいバージョンが登場するたびに無料でアップデートできるのと同じ提供の仕方です。

マイクロソフトによれば「Windowsはサービスになる」とのこと。「Windows10はWindowsの最後のバージョン」というわけです。

WaaS導入の背景と目的とは

Windows8.1以前から愛用してきた人には、「Windowsが無料になった！」といわれると、驚いてしまいますよね。

これまでWindowsは、おおよそ3年ごとにアップグレードが行われてきました。そのたびに私たちは、「いつ新Windowsに切り替えるか？」というタイミングや新Windowsの購入費の捻出に頭を抱えたものです。こういった悩みは、WaaSの導入によって一気に解消されます。

Windows10では、1年に2～3回という短期間で新機能が提供されるようになります。マイクロソフトによると、ブロードバンド環境におけるテクノロジーの進化のスピードの早さに合わせて、Windowsの新機能を最適なタイミングでユーザーに届けることが目的とか。

そしてもう一つの目的は、セキュリティホールを修正するプログラムの適用をすべてのユーザーにいき届かせる点にあります。ダイレクトに更新プログラムを提供することで、"最新の状態でない"ままWindows10を使い続けないことを実現させていくことを目指しています。

確かに過去、忌々しい事態がありました。Windowsを最新バージョンにしておけば回避できたのに、あまりに多くのユーザーがWindows Updateを実行していなかったために、世界中で大流行となったウイルスがあったのです。当時の私は、ウイルスの感染力の強さに恐怖を感じるとともに、「みんなWindows Updateをオフにしているんだなぁ」と驚いたものです。

Windows Updateが実行させれると再起動が必要とのメッセージが出て、それがほぼ強制的だから「ウザイ！」とユーザー自らが停止させてしまう。これはマイクロソフトにとって、あまりに哀しいことだったのでしょう。一般ユーザーが多い『Windows10 Home』では、Windows Updateの停止はできない仕様となっている点を考えると、WaaSに込められたマイクロソフトの強い意志が伺えます。

実は『Windows10 Home』でもWindows Updateの実行タイミングを調整できるフリーウェアが出ています。これは、あくまでも自分で更新プログラムのインストールの時期をコントロールできる人向けであり、「ウザイから、とりあえず停止したい」人用ではありません。安易な判断は、自らウイルスの脅威に身をさらすようなものです。

それだけ更新プログラムの適用は、Windowsにとって重要であること、そのためのWaaSの導入、そしてWindowsというOSの無料化があることは理解しておきたいものです。

Windows10はWaaSによりWindowsの最後のバージョンとなったのじゃ。（たぶん）

Column | Windows10のエディション

Windows10には下記のように4つのエディションが用意されています。一般ユーザー向けはHomeとPro、他は企業用となります。

- Home
- Pro
- Enterprise
- Education

HomeとProの大きな違いは、ProではWindows Updateのタイミングを任意で変更できたり、USBメモリなどにロックを掛けられる機能があったりと、企業向けの機能が付属しています。

Homeはパソコン、タブレット向けに作られており、Windows10の主要機能はすべて入っています。個人ユーザーなら十分なエディションです。

020 使い終わったら、パソコンの電源はどうするべき？

パソコンを使い終わったとき、どのような状態にしてパソコンから離れていますか？

電源をオフにする「**シャットダウン**」が一般的ですが、Windows10には他にも電源まわりのオプション機能があります。

それぞれ意味を抑えると、上手な使い分けのやり方が見えてきます。

Windows10にある「電源オプション」の種類

まずはWindows10の電源オプションの基本である6つを紹介しましょう。

［スタート］メニューにある［電源］ボタンをクリックすると、下記の3つの項目が表示されます。

■スリープ

現在の状態をメモリに保存して、パソコンを低電力状態にする

■シャットダウン

パソコンを終了する

■再起動

パソコンを終了してから、再度起動する

同じく［スタート］メニューの［ユーザーアカウント］ボタンをクリックすると、下記の2つの項目が表示されます。

■サインアウト

特定のユーザーの利用を終了する

■ロック

特定のユーザーがサインインした状態で鍵をかける

ほかにも、こんな電源オプションが！

このほかに、Windows10では「休止状態（ハイバネーション）」「ハイブリッドスリープ」というオプションがあります。

■休止状態

休止状態とは、<mark>現在の状態をハードディスクなどに保存（具体的にはハイバネーションファイル「hiberfil.sys」を作成）して、パソコンの電源をオフ</mark>にします。復帰の際はハードディスクからメモリ状況を読み出しますので少し時間が掛かりますが、再起動よりも早いものです。

なおWindows10では、この機能は初期設定で無効になっています。有効にしたいときは、以下のように設定します。

1 ［スタート］ボタンを押して表示されるメニューにある［Windowsシステムツール］の中の［コントロールパネル］をクリックします。

2 ［電源オプション］を選択して、画面左の［電源ボタンの動作の選択］を選び、「現在利用可能ではない設定を変更します」をクリックします。

3 ［シャットダウン設定］の「休止状態」にチェックマークを入れて［変更の保存］ボタンを押します。

● 「休止状態」にチェックマークを入れる

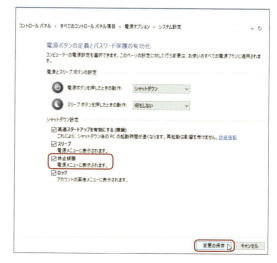

これでスタートメニューにある［電源］ボタンを押すと、「休止状態」の項目がメニューに追加されます。

■ハイブリッドスリープ

　ハイブリッドスリープとは、スリープと休止状態を組み合わせたもので、メモリ内のデータをハードディスクに保存する仕組みです。消費電力を低く抑えつつ、作業途中の状態を保持できますので、たとえば停電などで電源が落ちても、作業中のものは保持されます。

　ハイブリッドスリープは機種によってサポートされていないものもあります。設定の確認は次のとおりです。

1. [電源オプション]画面左の[コンピューターがスリープ状態になる時間を変更]をクリックして[詳細な電源設定の変更]をクリックします。
2. [電源オプション]ダイアログが開くので、[省電力]を選択して[スリープ]の「ハイブリッドスリープを許可する」を開き、設定をオンにして[OK]ボタンを押します。

●ハイブリッドスリープをオンにする

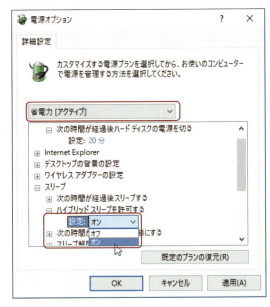

　ノートパソコンやタブレットPCのように消費電力が気がかりならば休止状態、デスクトップ型ならハイブリッドスリープの利用がお勧めです。

　なお休止状態とハイブリッドスリープの2つの機能は、どちらも有効にすることはできません。休止状態を有効にすると、ハイブリッドスリープがオフに切り替わります。

パソコンを使い終えたら、どうする？

　パソコンを起動して、目的の作業を終えてひと段落。しばらくパソコンを使わないとき、シャットダウンをすべきか否か？　これは基準にするものによって答えが変わります。

　消費電力に目を向けると「シャットダウンはせずにハイブリッドスリープにしておく」という人がいるでしょう。パソコンがもっとも電力を消費するのは、起動とシャットダウンのときです。シャットダウンの間は消費電力はゼロとはいえ、何度も起動を繰り返すようなら、かえって電力を使っているかもしれません。一説では「90分以内に使うなら電源は落とさないほうが電気代は安くなる」という話もあります。

　では、ずっと電源を入れっぱなしで問題はないかといえば、部品の消耗という点から見れば「NO！」でしょう。ハイブリッドスリープでは電力を抑えているとはいえ、内部は通電している状態です。各部品への負荷は掛かっていますので、劣化が進むことは十分考えられます。

　電気代、パソコンの寿命といろいろ考えると明確な答えは難しいのですが、私の場合、「会社のデスクトップ型パソコンは帰社するときに必ずシャットダウン」「自宅のタブレットPCは休止状態にして席を立つ」というルールを基本にしています。

> **Column**　「スタンバイ」「サスペンド」と呼んでいたことも
>
> 　Windows10では「スリープ」と「休止状態」、そして「ハイブリッドスリープ」を使い分けることになりますが、これって昔からあった機能？
>
> 　はい、ありました！　スリープと同じ状態をWindows95では「サスペンド」、Windows98からXPまでは「スタンバイ」と呼んでいました。スリープはVistaで登場した呼び名です。ただしVistaのスリープは、デスクトップパソコンではメモリとハードディスクの両方に、ノートパソコンではメモリのみに作業中のデータが保存されるといったものでした。

021 Windows10の"モダン"なスタンバイ機能ってなに？

　できるだけ電力の消費を抑えたい。ノートパソコンやタブレットPCでは、バッテリーを長時間持たせるための省電力設定は、意識して行う必要があります。

　Windows10には「モダンスタンバイ」がサポートされています。これを使いこなすとたいへん便利です（ただし、対応している機種でしか利用できません）。

モダンスタンバイ機能とは

　モダンスタンバイとは、Windows8の「コネクトスタンバイ（Connected Standby、略してCS）」を進化させたもので、パソコンをスリープ状態にしても、バックグラウンドでWi-Fi接続の維持、アプリの実行などが可能という機能です。またスリープ中のWi-Fi接続は、ユーザー自身が「バッテリー駆動時」または「電源に接続時」に分けてオン/オフを設定することもできます。パソコンの消費電力をできるだけ抑えたいときは、バッテリー駆動時での接続をオフにしておけばよいでしょう。

　モダンスタンバイが使えるメリットがピンとこないという人は、スマホのことを思い浮かべてください。スマホはログインすると、すぐに利用状態になります。それと同様に、モダンスタンバイ対応のパソコンは、スリープ状態のように見えてはいても、実際には画面が消えているだけでCPUは短時間で復帰する状態にあり、サインインすれば直ちに利用が可能です。つまりパソコンでありながら、使用感がスマホに近づくわけです。

モダンスタンバイに対応しているか調べたい

　モダンスタンバイではCPUの電源を完全に落とさずに、ディスプレイのみをオフにして低消費電力状態となります。この機能はインテルとマイクロソフトの連携のもとに開発されています。

　インテルCPUの第6世代である**Skylake**（17ページ参照）では、導入された新機能（Speed Shift テクノロジー）によって消費電力の最適化を行いつつ、OSからの細かいオーダーを受け付けることが可能になっており、これがWindows10のモダンスタンバイの実装を実現しているのです。

　とはいえ、SkylakeもしくはSkylake以降のインテルCPUを搭載したパソコンすべてが、モダンスタンバイ対応になっているとは限りません。この機能に対応するかどうかはパソコンメーカーの判断に任されています。

　そこで自分の使っているパソコンの対応状況を『**コマンドプロンプト**』で確認してみましょう。

　[スタート]ボタンを右クリックして[コマンドプロンプト]を選択します。下記の文字列を入力して Enter キーを押します

```
powercfg /a
```

　画面に「以下のスリープ状態がこのシステムで利用可能です」の一文の下に「**スタンバイ (S0低電力アイドル)**」があれば、モダンスタンバイ対応です。未対応の場合は、この部分に「**スタンバイ (S3)**」（これは通常の「スリープ」のこと）とあり、下のほうに「スタンバイ (S0低電力アイドル)、システムファームウェアはこのスタンバイ状態をサポートしていません」と表示されます。

●「スタンバイ (S0低電力アイドル)」があれば対応機種

サインインする時間を設定する

モダンスタンバイを利用している場合、「どれくらいの時間、パソコンを使わなければサインインを求めるか?」という設定ができます。

1. [スタート]ボタンをクリックして[設定]ボタンをクリックします。
2. [設定]画面の[アカウント]を選択し、画面左の[サインインオプション]をクリックして、「サインインを求める」から任意の時間を設定します。選択できるのは「1、3、5、15分」のいずれかと「毎回」「表示しない」です。

また、モダンスタンバイに非対応のパソコンでは「表示しない」か「PCがスリープから復帰したとき」の二択です。

いずれもパソコンの使用状況に合わせて設定するものですが、「表示しない」設定にすると、誰でも復帰させればサインインできる状態になりますので、セキュリティ面では危険です。手間でも復帰時にはパスワード入力をしなくては、パソコンが復帰しないようにしておきましょう。

● モダンスタンバイ対応ならサインインを求める時間の設定が可能

モダンスタンバイに対応しているかどうか、まずは調べてみよう!

Column モダンスタンバイ対応パソコンのシャットダウン術

Windows10ではスタートメニューを使う以外にも、シャットダウンする方法が用意されています。

ショートカットキーで Alt + F4 キーを押すと[Windowsのシャットダウン]ダイアログが開きますので、[シャットダウン]を選んで[OK]ボタンを押しましょう。

なお、モダンスタンバイ対応パソコンなら、電源ボタンを4秒以上長押しすると「スライドしてPCをシャットダウンします」と表示されますので、画面を下部にスライドすればシャットダウンされます。

ただし、電源ボタンを10秒以上長押しすると、モダンスタンバイ対応、非対応に関係なく強制終了となります。

Column モダンスタンバイ対応をサクッと確認したいのなら

使っているパソコンがモダンスタンバイ機能に対応しているかを調べたいけれど、本文にあるコマンドを使っての操作が苦手だな〜という方。とっても簡単に調べる方法があります。

Windows10に付属している『Grooveミュージック』というアプリで音楽を再生したまま、[スタート]メニューの電源ボタンにある[スリープ]を選んでみてください。曲が流れ続けたら、そのパソコンは対応しています。

モダンスタンバイ機能のメリットである、スリープ状態にありながらアプリの動作が継続できる点を利用したわけですが、この確認を『Windows Media Player』でやってはダメ。これはデスクトップアプリなので、モダンスタンバイ機能に対応しているパソコンでもスリープ状態に入ると再生が停止します。

ちなみに『アラーム&クロック』というアプリもモダンスタンバイ機能が使えるパソコンでなければ、スリープ状態ではアラームが鳴りません。アプリを起動すると「アラームを鳴らすには、PCを起動しておく必要があります」と赤文字でメッセージが表示されていますので、「使えないのかな?」と思うところですが、モダンスタンバイ機能対応のデバイスであっても表示されています。これも実際にスリープ状態でアラームが鳴るかを試してみる必要があります。

022　携帯端末で気になるバッテリーの話

　ノートパソコン、タブレット、スマホといった携帯情報端末が電源につないでいない状態で一定の時間内利用できるのは、バッテリーのおかげです。とはいえ長期間使っていると、充電後に使える時間が次第に短くなってきます。バッテリーは消耗品ですので、性能は次第に落ちてきて、やがては使えなくなるものです。

　ならば少しでも長く使いたい、と思うもの。そのためには、どういった点に気をつけるべきなのでしょうか？

リチウムイオン電池の採用が主流

　最近のバッテリーには、**リチウムイオン電池**が採用されています。この電池の特徴は「高温に弱い」「完全充電は必要ない」という点にあります。

　ここで「バッテリーは完全に使い切ってから、フル充電したほうがよいのでは？」と思った人がいるかもしれません。それは、一昔前の話です。

　以前、バッテリーにはニッケルカドミウム（ニカド）電池が使われていました。この電池は放電しきっていない途中の状態で再充電を繰り返すと、電池が残っていても急激に電圧が下がってしまう「メモリ効果」が起きるという難点があります。そのため、充放電は十分に行うようにいわれていました。

　リチウムイオン電池はそういった点はなく、むしろ完全に使い切るとかえって寿命を短くしてしまいます。ニカド電池とは相反する性質ですので、その違いを正しく認識しておきましょう。

バッテリーを長持ちさせたいなら

　リチウムイオン電池には放電と充電を繰り返すサイクルの回数に上限があります。一説では500回程度といわれており、仮に放電と充電を毎日行うと1年半でリミットがきてしまいます。そこで電池を完全に使い切らない状態で充電をし、フル充電になる手前で充電を止めましょう。これでサイクルの回数を減らすことができます。

　そういわれると「出先でバッテリー切れなんてジョーダンじゃない！　常にフル充電しなくては安心できない」と憤慨する人がいるかもしれませんね。

　最近の携帯端末は賢くて、自動的に充電の仕方を切り替えて、バッテリーの性能劣化を防いでいます。有名なのがアップルのリチウムイオンバッテリーで「容量の80パーセントまでは高速充電し、その後、低速のトリクル充電に切り替わる」という仕組みです。トリクル充電とは微弱な電流を継続的に与えるもので、これをうまく使うことでバッテリーのパフォーマンスをできるだけ長く維持しているのです。

「ちょこちょこ充電する」という使い方

　いろいろと仕組がわかっても「じゃあ、どうすればいいのか？」と迷うものです。

　簡単にまとめると、いつも使う機器なら、電源コンセントが近くにあるなど充電できるときは小まめに充電する。もし長期間使わないのであれば、バッテリー容量はカラにするのではなく、半分程度残した状態で、あまり高温ではない場所（人が快適だと思う程度の気温）に保管するようにしてください。

　バッテリーが使えなくなった場合、ノートパソコンは交換ができますが、タブレットやスマホは交換不可もしくは高額な費用が掛かる場合がありますので、上手に使いたいものです。

PART 2

パソコンを操作するって、どういうこと？操作できるカラクリを知りたい！

今やパソコンの操作は指でもできちゃう時代です。だからこそ、操作できるカラクリは興味深々ですよね。それに Windows10 になって目新しい機能も登場しています。すでに当たり前となっている、あの部分この部分について一歩踏み込んでみましょう。

023 画面を触って操作できるのは、どういった仕組みになっているのか?

タブレット、スマホの画面は指でタッチすることで操作ができます。パソコンのなかでもタッチ機能付きのディスプレイを持つタイプも多くなっています。

指やペンで操作ができる液晶ディスプレイとは、どういった仕組みなのでしょうか?

タッチパネルって、入力装置でもあるのだ

タブレットやスマホに馴染んでいる世代にとって、パソコンの液晶ディスプレイは不思議な存在かもしれません。タッチ機能が付いていない通常の液晶ディスプレイは、いくら触っても反応はしません。

パソコンにとってディスプレイは出力装置(9ページ参照)です。CPUがプログラムに沿ってデータ処理をした結果を表示するための機器であり、データの入力はキーボードやマウスが担っています。

一方、タッチ機能が付いたディスプレイは入力と出力の2つの装置が一緒になったものです。指で操作するときはディスプレイの画面を触っているように思えますが、実際は画面の上に張られた透明の"パネル"を触っているのです。ディスプレイとしての機能を持つ部分とタッチして情報を入力する部分は別々なのだと認識しましょう。

タッチパネルにまつわる、ちょっとした疑問

まずはパソコンのお話から少しだけ離れて、タッチ機能について説明しましょう。

タッチ機能を持つ液晶ディスプレイを「タッチパネル」と呼び、スマホなどの携帯端末に限らず、ATMやカーナビ、ゲーム機などにも使われています。

いずれも指で画面をタッチすることで操作できることは共通です。ただし機械によっては、微妙に反応が違うと感じることがあります。たとえば手袋をしたまま操作ができる・できないがあったり、強くタッチすればいいのか、指が乾燥しているから反応しないのかと迷ったり。たまに「自分はタッチパネルとは相性が悪い」と断言する人もいます。

実はタッチパネルは、画面に触られたときの検出方式によって種類が分かれます。この種類には、次の7つがあります。

- 抵抗膜方式
- 静電容量方式
- 表面型静電容量方式
- 投影型静電容量方式
- 超音波表面弾性波(SAW)方式
- 光学方式(赤外線光学イメージング方式)
- 電磁誘導方式

それぞれの機器にあった方式が採用されていますので、使用感が異なるのも当然です。とはいえ、いずれも実用レベルで問題になるほどの難点はないので、仕組みさえわかれば「そうなんだ!」と思えてきます。

スマホでよく使われている方式とは

私たちがよく利用している機器のタッチパネルに絞って、それぞれの仕組みを紹介します。

スマホで主に使われているのは「抵抗膜方式」と「静電容量方式」です。

抵抗膜方式とは、指で押した画面の位置を電圧変化によって検知するもので、「感圧式」とも呼ばれます。内部構造は導電性のフィルムとガラス面の間にすき間を設けており、フィルムを押すと双方の電極が接触して電気が流れ、その電圧の変化で位置を検出します。フィルムへの圧力で入力するため、手袋をした状態でも操作できますし、手書き文字入力も可能です。

シンプルな構造のため低コストで製造ができ、カーナビやニンテンドーDSでも採用されています。

静電容量方式とは、指で接触したときに出る微弱な電流の変化をセンサーで感知して位置を検出します。この方式のうち「投影型」と呼ばれるものがiPhoneやiPadに使われています。

これは基盤の上に多数の透明の電極を並べて配置し、その上にガラスやプラスチックなどのカバーを重

ねています。表面に指を近づけると、その場所の電荷が変化します。この変化を検出することでどの位置をタッチしたかわかるわけですが、指で2か所をタッチしても、それぞれ同時に検出が可能です。これを「マルチタッチ」と呼び、これにより指を動かす方向と組み合わせて、画面の拡大・縮小（親指と人差し指を同時にパネルにつけて、指を広げると画像が拡大、せばめると縮小）ができるわけです。それに構造上、ほこりや水滴に強く、耐久性が高いのも利点です。

ただし、この方式では指以外は専用のタッチペンでしか操作ができない、手袋をしたままでは反応しないという難点があります。

なお、マイクロソフトのタブレットPC『Surface』シリーズは静電容量方式が採用されており、10点マルチタッチ対応となっています。

用しているタイプもあります。

これはパネルの上部の左右に赤外線投光器と赤外線イメージセンサーを組み合わせたものを2個配置して、指などで光が遮られた際の光線のパターンの遮断を検出することによりタッチ位置を検知します。

マルチタッチにも対応し、パネルサイズも小型から大型（55型程度）までと幅が広いこと、またセンサーに直接タッチしないために耐久性に優れているといった特色があります。

● 光学方式

● 抵抗膜方式

● 投影型静電容量方式

パソコン用ディスプレイでよく使われている方式とは

パソコン用の液晶ディスプレイにもタッチ機能付きの製品があります。タッチパネルの検出方式は前述の抵抗膜方式や静電容量方式のほか、「光学方式」を採

パソコンで絵を描く人の憧れ「液晶ペンタブレット」の仕組み

タッチパネルとしては特殊な存在になりますが、パソコンで絵を描くことが多い人は、「液晶ペンタブレット（通称、液タブ）」が気になるでしょう。

この製品はセンサー上部を液晶パネルに統合することで、高精度のタッチ機能を実現しています。磁界を発生する専用ペンで画面をタッチし、パネル側のセンサーが電磁エネルギーを受け取って位置を検出しています。専用ペンでパネルに直接描くためアナログで描く感覚に近く、板状のペンタブレット（通称、板タブ）にあったディスプレイ画面を見ながら描くことによる感覚のズレがありません。

使いやすさは誰もが認めるところですが、板状のペンタブレットに比べると価格が高く、プロのクリエイター向けともいえます。

Column 「ゴリラ腕」問題って？ 〜パソコン使いにタッチパネルは本当に便利なのか？

　最近はタッチ機能が付いたパソコン用ディスプレイやノートパソコンをよく見かけます。Windows10もタッチ操作に対応していますし、タブレットモード（39ページ参照）なら直感的な操作が可能です。

　ところが、パソコンでは「ゴリラ腕（Gorilla arm）」問題があるから、タッチパネルでの利用は進まないという意見があります。これは「垂直の画面に向かって腕を伸ばして長時間操作をしていると、腕がパンパンになって"ゴリラの腕"のようになってしまう」という身体への影響を指しています。

　確かに垂直に向き合うディスプレイ画面に腕を伸ばし続けていると疲れますし、かといってタブレットのようにディスプレイを平面に置いて操作するというのも、画面サイズの大きいものは場所の問題が出てきます。

　そうやって考えると、パソコンには"まだ"タッチ機能は必要ないのかもしれません。少なくとも私は、長年慣れ親しんだディスプレイ、キーボード、マウスの位置関係を変更することによる作業効率の悪化のほうを懸念して、取り入れてはいません（それに腕がゴリラのようになるなんて、まっぴらごめんです）。

Column ATMで現金を引き出せない人は、「スライダー体質」が原因なのか？

　スマホやタブレットが普及する以前から身近にあったタッチパネルといえば、銀行のATMです。そのATMで現金を引き出せないとなると、一大事です。ある日、思うようにタッチ操作ができない人が「私は電気の特異体質だから、うまくいかないのよね」とつぶやいているのを見て、驚いてしまいました。

　電気特異体質とは「スライダー体質」とも呼ばれ、自らの放電をコントロールすることができずに電化製品などに影響を及ぼす体質のこととか。人の身体については私の専門外のことなので何とも説明がつかないのですが、ATMの誤作動についてはタッチパネルの構造から原因を想定できます。

　<mark>最近のATMは光学方式を採用</mark>しているものが多くなっています。この方式は<mark>光が遮られた際の光線のパターンから位置を検出</mark>していますので、指以外のもの（たとえばマフラーやショール、服の長袖の部分など）が画面に触れていたり、センサーの部分に荷物を置いてさえぎっているなど、情報を正しく検出できない状況になっていることが考えられます。実際ATMのトラブルは、冬場のほうが多いという話もあり、案外原因は人間の"うっかりミス"かもしれません。

　焦らず、荷物を足元に移動させたり、腕まくりをするなど身支度を整えてみましょう。それでもダメなときは、別のATMに移動して、再度試してみましょう。

024 液晶ディスプレイの画面を「触ってはダメ！」な理由

　タッチパネルが身の回りに普及したとはいえ、パソコン用の液晶ディスプレイの場合、すべてがタッチ機能に対応しているわけではありません。むしろ未対応のものが多いのが現状です。タッチ機能がないタイプは、通常の液晶ディスプレイですから、画面を指やペンで触ってはダメ！ 液晶ディスプレイの仕組みを知ると、その理由がわかってきます。

液晶ディスプレイにつく"圧迫痕"とは

　そもそも<mark>液晶とは、「固体と液体の中間にある物質（分子が結晶のように並んで液体のように流動性がある）</mark>」の状態を指します。自然界でいえば、イカの墨が挙げられます。タコの墨とは異なり、イカの墨はドロリとしたコロイド状で、海中に放出されると黒い塊となって漂って敵の目をそらすためのダミーの役割を果たします。まさに固体でも液体でもなく、ドロドロとした状態のもの、ですね。

　液晶ディスプレイの構造は、<mark>2枚のガラス板に液晶材料を封じ込め</mark>ています。この画面を指で強く押すと、シミのようなものが出ることがあります。これは「圧迫痕」と呼ばれるもので、いわば内部で液晶が漏れたような状態です。圧迫痕は軽度であれば時間を置くと

自然に消えますが、一週間ほど過ぎても改善されないようなら修理が必要です。とはいえ、液晶ディスプレイの修理は比較的高額で、いっそ買い替えたほうが安上がり……というケースが多いようです。

前項のタッチパネルとは構造が異なり、液晶ディスプレイの画面は指などで触る前提では作られていないだけでなく、非常にデリケートなものです。くれぐれも安易に触らないように注意しましょう。

構造はブラインドカーテンのようなもの

液晶ディスプレイは「LCD（Liquid Crystal Display）」とも呼ばれます。駆動方式によって大きく「TN（Twisted Nematic）」「VA（Virtical Alignment）」「IPS（In-Place-Switching）」の3種類に分かれます。ここでは最も基本的なTN方式の仕組みを説明しましょう。液晶ディスプレイの画面は細かな点で構成されます。この点に光を通すか通さないかで絵や文字を描き出します。たとえばブラインドカーテンは開くと光を通して、閉じると光を通しません。基本的な原理はこれに似ています。

構造としては2枚のガラス板の間に液晶を封じ込め、電圧を掛けることで液晶分子の並び方をねじって光の透過率を変化させます。これにより透過する光の振動方向が変化します。この特性を使って「偏光フィルター（「偏光板」とも呼びます）」という90度で交差した板を通して入ってくる光を通すか、遮断するかで画面に絵や文字などを表示します。平常時には電圧が掛かりませんので光はフィルターを通過し、画面上の点は"白表示"となります。電圧が掛かると光が通過できずに、画面上の点は"黒表示"となります。電卓などの液晶は、「電気を通すと黒くなる」というこの特性を利用しているわけです。液晶ディスプレイの場合は、表示面にRGB各色のカラーフィルタを置いてあり、各色の表示と非表示を制御することでカラー表示を行っているのです。

TN、VA、IP方式による違いは、どこ？

パネルの駆動方式は、TN、VA、IPSという種類に分かれますが、これは液晶分子の配置方法と電圧による液晶分子の動かし方による違いです。これによって生じる違いは、視野角と応答速度です。

TN方式では応答速度は速いながら、視野角による変化が大きいという難点があります。低コストで以前はパソコン用ディスプレイによく使われていました。

VA方式は純粋な「黒」の表現が可能で、TN方式よりもコントラスト比を高くできますが、TN方式同様に視野角が狭い難点があります。

視野角が広く、色変化が少ないIPS方式は応答速度は遅めながら画質が良いのが特徴で、高級テレビにも用いられています。以前はTN方式に比べるとコストが高い点がデメリットでしたが、最近は低コスト化が進んでおり、購入しやすくなってきています。

ディスプレイを正面に置いて作業をすることが多いのなら、視野角についてはさほど気にする必要はなく、安価なTN方式の製品で十分でしょう。とはいえ、ディスプレイはパソコンと対話するために、常に"見る"ものですから、目に優しい点もポイントです。実際に画面を見て、自分に合ったものを選びましょう。

● 液晶ディスプレイの仕組み

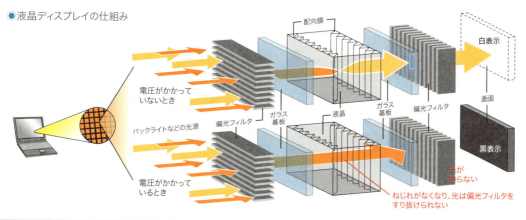

025 パソコンを操作するキーボードの不思議

パソコンを操作するための入力装置といえば、キーボードは欠かせません。誰もが使っているものですが、「どうして、こうなっているんだろう」と思うことはありませんか？ここではキー入力の仕組みやキーの配列について説明しましょう。

キースイッチの種類によって使用感が異なる

キーボードのキーを押すと、パソコンは打たれたキーの文字を認識して画面に表示します。キーボードに並ぶキーは、すべて"スイッチ"です。

このキーの機構を「**キースイッチ**」と呼びます。構造によって「メンブレン」「パンタグラフ」「メカニカル」「静電容量無接点」という種類があり、それぞれ使用感（キータッチの感触）が異なります。

一番安価で普及しているのが、メンブレム方式です。キートップの下には、電極と配線パターンが印刷されたフィルムがあります。「ラバードーム」と呼ばれる方式の場合、キーが押されると内部のゴムカップがつぶれて伝導性ゴムが電極に接触し、回路がつながります。配線パターンは縦横の格子状になっていて、順番に電圧をかけていき、どの線に電流が流れ出すかを検出します。この結果をキーボードに装着されているマイクロプロセッサが感知して、どの交点のキートップが押されたかを判断します。そしてそのキーが持つ特定の信号をパソコンへ伝えるのです。

ノートパソコンによく使われるパンタグラフ方式では、キーストローク（キーを押したときに沈む深さ）が浅めで、キータッチが軽いという特色があります。

メカニカル方式はキーの接点を金属板で作り、金属バネでキーを押し戻す仕組みのため、キーを押す度にカチャカチャと独特の音がします。キータッチの感覚にこだわりのある人には人気です。

静電容量無接点は、静電容量の変化でキー入力を検知します。機械的な接点がないため、音が静かな上、耐久性も高いのですが、他のキーボードに比べるとかなり高額（具体的には2万円程度）になります。

このように、キーボードによって使用感が異なるのは機構の仕組みが違うためですが、どのタイプがよいかは、使う人の好み次第です。長時間パソコンを使用する人は、キーボードによって疲労度が違ってきますので、実際にキーを叩いてみて、自分に合ったものを選ぶべきでしょう。

意図があるのか？永遠に謎の「QWERTY配列」

今度はキーの配列を見てみましょう。キーボードにはASCII配列とJIS配列があり、特殊記号のキー位置は違いますが、英数字のキー配列は共通しています。

キーボードの2段目の左端から英字を読んでみてください。「Q、W、E、R、T、Y」の順に並んでいます。これにより配列名は「**QWERTY配列**」と呼ばれています。読み方は「クワティ」もしくは「クワーティ」です。

QWERTY配列は、ずっと以前にタイプライターで使われていたものです。1800年代の終わり、タイプライターを発明したクリストファー・ショールズ氏が考案した配列ですが、これにはどんな意味があるのか、実は誰にもわかっていません。

当時のタイプライターはキーを押すと印字バーが動いて紙に印字されるしくみでした。そのためキーがあまりにも速く連続して押されると、最初の印字バーが元の位置に戻る前に次のバーが動き始めることになり、2つのバーが絡まってしまう、という見方がありました。そのような事態を招かぬように、よく使われる組み合わせのキーをできるだけ離れた場所に配列して、キー入力のスピードをダウンさせているという説があります。

これには「なるほど」と納得しがちですが、タイプライターを熟知している人は「印字バーとキー配列は直接関係はないし、いくら速く入力したからといって印字バーが絡まることはない」と反論しています。

なぜキーボードは意図的に打ちにくい配列になって

いるのか？ クリストファー氏自身が何も語らずに世を去っていますので、この配列は永遠の謎となっています。

ちなみに、キーボードの手元を見ずに入力することを「ブラインドタッチ」（タッチタイピング）といい、習得はなかなか大変なのじゃ。

● QWERTY配列

Column　スマホの文字入力、どれが便利？

スマホで文字を入力するとき、あなたはどうしていますか？

日本語入力のテンキーを表示させ、「あ」を長押しすると上下左右に「い」「う」「え」「お」があらわれます。入力したい文字に指をスライドさせれば選択完了。この手法を「**フリック入力**」といいます。ちなみに「フリック（Flick）」とは英語で「（指で）はじく」という意味があります。

このフリック入力の元祖は、1990年代にアップルが出したPDA『Newton』のメッセージパット用に開発された入力メソッド『**Hanabi**』だといわれています。これが2008年にiPhoneに採用されたことで、日本では急速に広まりました。もちろんAndroidスマホでもフリック入力は可能です。

なお、スマホではフリック入力だけでなく、ガラパゴス携帯（通称ガラケイ、正式名称フィーチャーフォン）での「トグル入力（キーを何度押すかで文字を選択する）」、パソコン用キーボードと同じく文字をQWERTY配列させてローマ字入力することも可能です。

どの入力方法が適しているかは、使う人の経歴（？）次第というところでしょうか。うちの娘はキーボード入力の達人なので、スマホでもQWERTY配列の画面を恐ろしい速さで打ちまくっています。

余談ですが、スマホで「はは」とキーを押すと「ひ」が表示されませんか？ 同じ文字を続けて押すとトグル入力として反応しますので、2文字目はしばらく待ってから押さなければなりません。これが面倒だと思う場合は、キーボードの設定を「フリック入力」のみにしましょう。iPhone（iOS）なら、「一般」にある「キーボード」を選択して「フリックのみ」をオンにします。Android（iWnn IME）なら、キーボードの「文字」キーを長押しして「各種設定」を選択し、「キー操作」で「フリック入力」をオン、「トグル入力」をオフにしましょう。

● フリック入力の元祖「Hanabi」。たとえば、「あ」をタップすると「あ」が入力でき、右へスライドすると「い」、下で「う」、左で「え」、上で「お」が入力できる。
（出典：株式会社ニュートン・ジャパン http://newtonjapan.com/hanabi/）

これがフリック入力の元祖ね。

PART 2　パソコンを操作するって、どういうこと？ 操作できるカラクリを知りたい！

026 ネズミには似ていない「マウス」というもの

　パソコンの入力装置としてキーボードに次いで重要度の高いのが**マウス**ですが、さまざまな種類があって違いがわかりにくいものです。あらためてマウスについて、見直してみましょう。

形が"ネズミ"に似ているかな？

　1964年、ダグラス・エンゲルハート氏によってマウスは発明されました。世界初のマウスは木製で、直角に置かれた2つの車輪が底につけられており、まるで車のオモチャのような形をしていました。マウスという呼び名は、エンゲルハート氏が命名したのではなく「いつの間にかそう呼ばれるようになった」と、彼自身が語っています。

　一昔前のマウスは、手のひら大の紡錘形で、色はグレーのものが多く、コードでパソコン本体とつながっていました。見た目がしっぽの長い"ネズミ"に似ていて「マウスという呼び名にピッタリだなぁ」と思えたものです。しかし現在は形も色もさまざまな上、無線タイプが多く、一概にネズミを想定できるものとはいえなくなっています。

光学式マウスとレーザー式マウス

　マウスには情報の読み取り方式の違いによって、大きく「ボール式」「光学式」「レーザー式」の3種類があります。かつてはボール式が主流でしたが、内部にほこりやごみが溜まって動きが悪くなるという欠点があり、今ではあまり使われていません。

　光学式では、発光ダイオードの光をあてマウスの底面から跳ね返ってくる光をイメージセンサーが感知するという仕組みです。非接触状態で、マウスの移動量を検出するのです。光沢があったり、パターンが同じ模様のある場所は精度が落ちることがあるため、その場合は専用のマウスパッドを利用することになります。とはいえ最近は読み取り性能を高くした製品もあり、机や本、人間の膝や手の上でも使えるものもあります。

　レーザー式も光学式と仕組みは大体同じですが、発光ダイオードではなくレーザーを用いています。読み取り精度は光学式よりも高く、マウスパッドを使用せずとも十分に利用できます。

　光学式は価格が安く（1000円以下の製品もあります）、一般的な使い方をするなら十分な性能があります。画像編集やゲームなどで細かい作業を行うことが多いなら、少し割高であってもレーザー式が向いている、ということになります。

基本は左ボタン、便利な右ボタン

　Windows用のマウスは、「左右にボタン、真ん中にマウスホイール」というのが基本です。この3つを使いこなせれば、パソコンの操作に困ることはありません。

　マウス操作の**基本は左ボタン**で、1回押せば「クリック」、2回押せば「ダブルクリック」です。クリックが"選択"、ダブルクリックが"実行"となります。具体的に説明すると、アイコンにポインターを合わせてクリックすると、そのアイコンが反転して選択された状態になります。ダブルクリックをすると、そのアイコンが実行ファイルならばアプリケーションソフトが起動し、データファイルなら「開く」ことになるのです。

　マウスの**右ボタンを押すと、押した場所によって内容が異なるメニューが表示**されます。これを「**コンテキストメニュー**」と呼びます。「コンテキスト（context）」とは英語で「文脈、前後関係」という意味がありますが、かみ砕いていえば"操作の場面に応じて選択できる"メニューというところでしょう。

　たとえばテキストエディタの『メモ帳』の画面上で右クリックすると、その場で適用できる項目が並んだコンテキストメニューが表示されます。画面上部のメニューには多くの操作項目があっても、そのときに操作可能な項目のみがコンテキストメニューには表示されます。つまり画面内の作業している場所から、目線を動かすことなく操作を実行することができるわけで

す。これをうまく活用すれば、作業効率はグッとアップするでしょう。

● 『メモ帳』のコンテキストメニュー

● 「ホバーしたときに非アクティブウィンドウをスクロールする」をオン

Windows10における
マウスホイールの便利機能

　マウスの中央にあるマウスホイールは、使いこなせば便利な機能を持っています。「ホイール（wheel）」は英語で「車の車輪」という意味があり、中指の腹を使って回転させると、画面のスクロール操作ができます。このスクロール操作をもっと便利に使える設定がWindows10にはありますので、紹介しましょう。

　たとえばブラウザー画面を2つ開いて、異なるWebページを並べて見ているとします。通常、アクティブ状態（操作可能な状態、複数開いたウィンドウのうち一番上にあるもの）の画面だけがホイールでスクロール操作ができますが、それ以外の非アクティブ状態にある画面はできません。ところが、次の設定を行うことで、非アクティブ状態の画面もスクロール操作が可能になります。

1. [スタート]メニューにある[設定]ボタンを押して、[デバイス]を選択します。
2. 画面左の[マウス]をクリックして、画面右の「ホバーしたときに非アクティブウィンドウをスクロールする」をオンにします。

ホバーとは「マウスオーバー」と同じ意味で、ポインターを特定の場所にかざすことです。この設定により、非アクティブ状態の画面にポインターを移動させただけの状態でホイールボタンを回転させると、スクロールされるようになります。

　地味な機能ですが、いくつものウィンドウを開いて操作するときは、たいへん便利です。

マウスの右クリックを使いこなそう！

Column | Windows10ではタッチパットの便利設定も！

　ノートパソコンの場合、マウスではなく付属のタッチパットを愛用している人は多いでしょう。このタッチパットの挙動もWindows10では細かく設定できるようになっています。

　たとえばマウスを接続したときはタッチパットをオフにしたり、文字入力の際にタッチパットを誤って触ってしまい、文字を確定させないようにタップを無効にすることができます。また、3本指でCortana（122ページ参照）やアクションセンターを呼び出したり、スライドすることでアプリに切り替えやデスクトップ表示が可能となります。

　タッチパットがあるノートパソコンなどでは、[設定]の[タッチパット]画面にタッチパットの感度に関する設定項目が表示されますので、自分の使用状況に合わせて調整しましょう。

PART 2 パソコンを操作するって、どういうこと？ 操作できるカラクリを知りたい！

027 いろいろな目的を実現できるのは、アプリケーションソフトがあるから

　パソコンを使ってできることは、実にさまざまです。デジカメ画像を取り込んで加工したり、動画を編集したり、インターネットに接続してメールの送受信やWebサイトを閲覧することもできます。

　このように、私たちが目的どおりのことが"できる"のは、アプリケーションソフトがあってこそ、なのです。

まずは「ソフトウェア」のお話から

　パソコンは「ハードウェア」と「ソフトウェア」の2つの要素から成り立っています（8ページ参照）。ハードウェアが目に見えて触れることができるのに対して、ソフトウェアは目には見えずパソコンの中で動作するものです。

　ハードウェアとソフトウェアの関係を航空機にたとえてみましょう。航空機は目で見ることができるハードウェアですが、これだけでは動きません。パイロットがやってきて操縦して、はじめて飛ぶことができます。私たちの目には見えませんが、パイロットは航空機を動かすための技術を持っています。これがソフトウェアです。「パイロットも姿が見えるぞ」といわれそうですが、パイロットは操縦技術を持った媒体、いわばDVDのようなメディアだと考えてください。大切なのはパイロットが持っている技術です。

　航空機はパイロットがいなければ飛べませんし、パイロットがいても航空機がなければ何も起こりません。これと同様に、パソコンもハードウェアだけでは単なる金属の箱です。パソコンを動かす技術がなければ動きません。それに由来してか、ハード（金物、堅いもの）と対になる言葉としてソフト（柔らかいもの）ウェアと名付けられています。ソフトウェアとは、パソコンを動かすための技術の総称なのです。

アプリケーションソフトはソフトウェアの一種

　ソフトウェアの中で、基本となるのはOS（20ページ参照）です。そのためOSを「基本ソフト」といいます。

　これに対して応用ソフトとなるのがアプリケーションソフトです。「アプリケーション（Application）」は、「応用する、適用する」という動詞の「apply」の名詞形です。これから転じて、"基本ソフトであるOS上で動作するソフト"という意味です。

　アプリケーションソフトは、ユーザーの目的に合わせてパソコンに仕事をさせるためのソフトです。たとえば、デジカメ画像をパソコンに取り込んで修正したいときは、画像編集ソフトが必要です。言い換えれば、画像編集ソフトがなければ、いくらパソコンにデジカメ画像を取り込んでも何もできない、ということなのです。

　日頃、私たちがよく使うワープロソフト、表計算ソフト、ブラウザーソフト、電子メールソフトなどは、いずれもアプリケーションソフトの一種です。

　最近のパソコンは、ユーザーに人気のあるアプリケーションソフトを最初から組み込んで販売している機種が多くあります。またOSであるWindows自体にも、テキスト文書を作成する『メモ帳』や簡単な画像編集ができる『ペイント』など、最小限の作業ができるように『Windowsアクセサリ』というアプリケーションソフトのパックが付属しています。

　そのため、まるでパソコンにはOSとアプリケーションソフトが常にセットになっているように思ってしまう人がいるでしょう。そうではなく、"OSとアプリケーションソフトは別物"なのです。

　なお、アプリケーションソフトは特定のOS専用につくられます。たとえばWindows用のアプリケーションソフトは、macOSやiOS上では動きません。また同じWindowsでも『Windows7』対応のアプリケーションソフトが『Windows10』では動作しない場合もあります。アプリケーションソフトを購入する際は、必ず対応するOSを確認する必要があるのです。

Column｜Officeはアプリケーションソフトである！

仕事でパソコンを使っているなら『Word』『Excel』は必需品という人が多いでしょう。自宅でも仕事ができるようにパソコンを購入した友人から「Wordが見当たらない」という相談を受けることがあります。

マイクロソフト製のビジネスソフトであるWord、Excel、PowerPoint、Outlook、Publisher、OneNoteは『Office』シリーズと呼ばれるアプリケーションソフトです。これらは、OSであるWindowsに付属しているものではありません。

メーカー製パソコンのなかには、Office系のソフトを最初から組み込んで（これを「プレインストール」と呼びます）あったり、オプションとして追加できる機種があります。その場合はOfficeの料金が加算されますので、販売価格は高くなっています（もちろんOfficeが付属しない機種もあります）。

パソコンを購入する際、予算内でできるだけ高機能な機種を選ぼうと誰もが考えるでしょう。CPUやメモリの容量に目が行きがちですが、Officeが必要ならば、付属の有無を忘れずにチェックしておきましょう。

Officeが付属しない機種であっても、あとから自分で購入・インストールすることは可能です。ただしライセンス上問題のある製品や正規品でないものがインターネットで格安で売られていることもありますので、うっかり手を出さないように気をつけましょう。

Column｜携帯電話からスマホへ。そこには「アプリ」の存在があった

スマホやタブレットでは「アプリ」という言葉がよく使われます。これはアプリケーションソフトと同じ意味を持ちます。Applicationを略して「App」と表現し、いろいろなアプリという意味を込めて「Apps」と複数形を付けることもあります。iPhoneやiPadを利用する人は『App Store』でアプリを入手しますので、ピンとくるでしょう。

実はスマホが携帯電話を抑えて急激に広まったのは、アプリが利用できる点が大きいといわれています。

スマホのことを"高機能な携帯電話"と捉えている人が多いようですが、通話機能においては携帯電話と差はありません。では、どこが高機能であるかといえば、アプリを組み込むことでユーザーの求める機能を追加できる点にあります。これを実現しているのは、ハードウェアとしての高い機能（高性能なCPUや大容量のメモリの搭載）と汎用性のあるOSの採用です。

携帯電話でも「iモード」や「iアプリ」に代表されるインターネットサービスはあったのですが、機種ごとに独自のOSを採用していたため、利用できるものが限定されていました。新しいサービスが登場し、それを利用したいときは機種の買い替えが必要だったのです。

一方スマホは、汎用性が高くバージョンアップが可能なOSを搭載していますので、どのタイミングでもアプリを追加することが可能です。わざわざ機種を買い替えることなく、アプリを導入することで新たな機能やサービスを利用できる点はパソコン並みというわけです。

028 Windows10では、2種類のアプリケーションソフトがあるって、どういうこと?

　パソコンのWindows10上で動作するアプリケーションソフトは、大きく2種類に分けることができます。パソコンとタブレットに対応するOSだからこそ、対応するアプリケーションソフトのスタイルも増えてきています。まずは、両者の違いを把握しておきましょう。

Windows8から登場した「Windowsストアアプリ」そして「ユニバーサルWindowsアプリ」

　Windowsの長い歴史のなかで、はじめてパソコンとタブレットに対応したのが『Windows8』です。このとき登場したのが、タッチ操作がしやすいように作られた「**Windowsストアアプリ**」と呼ばれるアプリケーションソフトです。タブレットで動作することを想定した設計になってはいますが、通常のパソコンでもマウス操作することで利用できます。

　そしてWindows10では、このWindowsストアアプリの延長線上に位置づく『**ユニバーサルWindowsアプリ**(以下、**UWPアプリ**)』が登場しました。これは「ユニバーサルWindowsプラットフォーム(UWP)」で動作するアプリで、スマホやXboxといったゲーム機でも動作します。

　WindowsストアアプリおよびUWPアプリは、『Windowsストア』から入手が可能で、Microsoftアカウント(34ページ参照)にライセンスが紐づいています。パソコンやタブレット、スマホなどデバイスが異なっても同一のMicrosoftアカウントでログインすれば、最大10台まで同じアプリを利用することが可能です。

● 『Windowsストア』というアプリを使って入手する

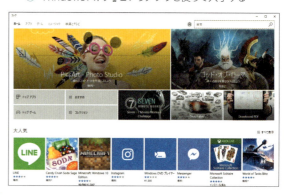

昔ながらのアプリケーションソフトは、「デスクトップアプリ」

　Windows8以前からパソコンを使っている人にとっては、WordやExcelをはじめとする従来のアプリケーションソフトが気になるところでしょう。もちろんWindows10に対応しているものは動作します。

　これらのソフトはWindowsストアアプリやUWPアプリと区別して「**デスクトップアプリ**」と呼びます。パッケージ製品として店頭販売されていたり、ネット上からダウンロード購入できるもの、フリーウェアとして配布されているものなどがあり、入手方法はさまざまです。ライセンスの考え方は「パソコン1台につき1ソフト」が基本となります(Officeなど製品によっては、この限りではありません)。

　デスクトップアプリの特徴は、開発側から見ると"自由になんでもできる"点にあります。システムに影響を及ぼすアプリケーションソフトを作ることも可能です。このためUWPアプリなどに比べると多機能なものが多く、ファイルの作成や編集をパソコンで本格的に行いたい人には、デスクトップアプリのほうが使いやすいでしょう。

　ただし、悪意のある人間がシステムに害をなすウイルスやスパイウェアを作成できてしまうという点はあります。

UWPアプリの特徴は、安定性と安全性

　Windows8/8.1ユーザーだった人のなかには、Windowsストアアプリに対してよい印象を持っていない人もいるかもしれません。私も初めて利用したときは、どのアプリもデスクトップアプリに比べると機能が少ないことに驚きました。またメニューやボタンについても、どう操作すべきかも見えてこず「これはデスクトップアプリの簡易版かな？」という感想を持ったものです。

　Windows10になって、あらためてUWPアプリを見ると、バックグラウンドで動作する点はモダンスタンバイ（46ページ参照）を利用するユーザーにはメリットがあるでしょう。

　UWPアプリは決められた範囲内でしか動作しない（これを子供を砂場以外で遊ばせないことになぞらえて「サンドボックス化」と呼ぶ）ため、システムに及ぼすような影響力は持ちません。

　またWindowsストアには、マイクロソフトの審査を通過したものしか公開されませんので、悪意のあるアプリが混入している可能性はきわめて低く、セキュリティ面は強固です。

　これらの点から、UWPアプリの安定性や安全性の高さは大きな利点といえます。一人のユーザーが複数のデバイスを持つことが当たり前の時代となりつつある今、UWPアプリは注目度が高くなっていくのではないでしょうか。

Windows10で登場したUWPアプリは安定性と安全性の高さもメリットじゃ！

Column　更新プログラム適用の違いには要注意

　Windows10上で動作するアプリケーションソフトは、簡単にいえば「Windowsストアからしか入手できないもの」と「Windowsストア以外から入手するもの」がある、ということです。どちらもパソコンで動作しますので、利用することに関して何ら意識することはないでしょう。注意したいのは、更新プログラムの適用の仕方の違いです。

　インストールしたアプリに不具合が見つかったり、機能改善が行われると更新プログラムが配布されます。WindowsストアアプリやUWPアプリは、Windowsストアに内蔵された更新機能によって最新の状態に保たれます。

　一方、デスクトップアプリは、アプリごとに更新の仕方が異なります。たいていはアプリ自身が更新プログラムの確認機能を持っていて、製造元のメーカーから更新プログラムの配布があればユーザーに通知する、という仕組みです。この場合は、起動時などにアプリが更新プログラムの適用を促すダイアログを表示しますので、ユーザー自身が了承することでアプリが最新状態になります。アプリによっては自動更新機能がないこともあり、その場合は製造元メーカーのWebサイトにある更新プログラムを手動でダウンロードする必要があります。

　WindowsストアアプリやUWPアプリに比べると、デスクトップアプリのほうが手間が掛かるというイメージですが、Windows8以前にはアプリケーションソフトを使うにあたって"当たり前"であったことです。

　なお、使っているアプリの種類が知りたいときは、［スタート］ボタン横の［ここに入力して検索］フォームにアプリ名を入れて検索すると、検索結果にアプリ名とともに種類も表示されます（UWPアプリであっても「Windowsストアアプリ」と表示されるものもあります）。

●デスクトップアプリ　　●Windowsストアアプリ

029 アプリって[スタート]メニューにあるんじゃないの?

ワープロ文書を作成する、メールの送受信をするなど、パソコンで何かの作業を行うとき、その目的を果たすために働くのはアプリです。ハードウェアとOSはパソコンにとって重要なものですが、パソコンでなんらかのファイルを作成したり、情報をやり取りするのはアプリです。

[スタート]メニューにあるのは、アプリを立ち上げるための"近道"

アプリを利用したいとき、[スタート]メニューに表示されるアプリの「タイル」をクリックします。タイルにはアプリのアイコンとアプリ名が表示されます。もし、ここに目的のアプリがなければ「すべてのアプリ」をクリックしましょう。インストールされているアプリが数字、アルファベット、日本語順に並びますので、ここでアプリを選択すれば起動します。

この操作から「アプリって、スタートメニューにあるんだよね」と思い込んではいませんか? それは間違いです。[スタート]メニューにあるのは**ショートカット**であり、アプリ本体ではありません。ショートカットとは「短く(ショート)」、途中の経路を「省く(カット)」するもので、"近道"を意味しています。

実はアプリの実行ファイルは、フォルダー階層の奥深くに格納されています。アプリを使うたびに、いくつものフォルダーを開いてアプリ本体にたどり着くのは手間が掛かりますので、1回の操作で起動できるようにショートカットを作成して、[スタート]メニューに置いているのです。

デスクトップアプリの実体はどこ?

それではアプリの実体は、どこにあるのでしょうか? これはデスクトップアプリとWindowsストアアプリでは格納場所が異なります。

1. デスクトップアプリの場合、タイルを右クリックして[その他]にある[ファイルの場所を開く]を選択します。
2. ショートカットのアイコンが表示されますので、右クリックして[プロパティ]を選びます。
3. [(アプリ名)のプロパティ]ダイアログにある[ショートカット]タブの[リンク先]を見ると、保存されている場所がわかります。

●プロパティ画面の[ショートカット]タブで保存場所を確認できる

アプリの実態はココ!

Windowsストアアプリの実体はどこ?

Windowsストアから入手したアプリは、Cドライブ内の[Program Files]にある[WindowsApps]フォルダー(通常は隠しファイルとなっています)に格納されます。Windows10に最初から付属しているデスクトップアプリも同じです。

ただし、このフォルダーにアクセスすることは通常できません。このフォルダーのアクセス権は「Trusted Installerグループ」のメンバーが持っています。とい

うと、「それって誰?」と思いますよね。

　Windowsではユーザーが誤って削除や変更しては困るプログラムファイルに対して、自由にアクセスできないようにTrusted Installerがアクセス権を所有しています。つまりWindowsパソコンの持ち主であるアナタよりも、Trusted Installerというエライ人がいる、ということなのです。この所有者を変更すれば、[WindowsApps]フォルダーは開けます。Webページでは所有者の変更法を紹介したものがありますが、安易に触ってアプリが起動しなくなるなどのトラブルが起きる可能性があります。よほどの理由がない限り、Windowsストアアプリに直接アクセスすることはお勧めしません。

●通常 [WindowsApps] フォルダーは開けない

Column | Windowsストアアプリの保存場所を変更したい

　Windowsストアアプリを次々にダウンロードしていると、Windows10のシステムがインストールされているCドライブの空き容量が減ってくるので、保存場所を移動したい。こう思ったときに、「WindowsAppsフォルダーにアクセスできないのは困るよね〜」と思うものです。

　ご心配なく！ Windowsストアアプリの保存場所を変更する方法があります。

1. [スタート]メニューの[設定]ボタンをクリックして、[アプリ]をクリックします。
2. 左側の[アプリと機能]を選択するとインストール済みのアプリが一覧表示されます。移動させたいアプリをクリックし、[移動]というボタンが表示されたら、そのアプリは別の場所に移動することが可能です。
3. [移動]ボタンを押して外付けハードディスクなどを選択すると、そのディスクに[WindowsApps]と[WpSystem]フォルダーが作成されて、そこにアプリが移動します。

　なお[移動]ボタンがグレー表示されているものは、別の場所に移すことができないアプリです。最初からWindows10に付属しているものやパソコンにプリインストールされていたもののほか、Windowsストアから入手したアプリであっても移動できないものもあります。

　また、グレー表示されるアプリをアンインストールして、再度Windowsストアから別のディスクを保存場所に指定しても、自動的にCドライブにインストールされるようです。

　本書執筆時点では、デスクトップアプリと違って、Windowsストアアプリはこの辺も自由度が低い、といえるようです。いくらアプリがシステムに関与することがないとはいえ、ディスクの容量を考えるとアプリは別の場所に保存したいものです。今後、Windows10のアップデートの際に対応されることを期待しましょう。

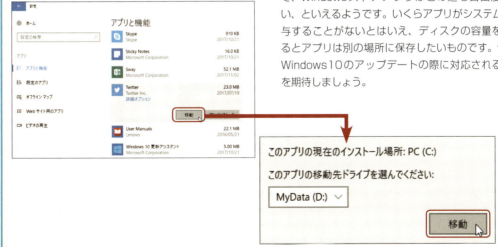

PART 2 パソコンを操作するって、どういうこと？ 操作できるカラクリを知りたい！

030 [スタート]メニューのタイルの内容が見るたびに違うのはなぜ？

パソコンでの作業を始めるために使う[スタート]メニュー。Windows7以前に比べるとWindows10のそれは、表示エリアが大きくて自己主張が強い感じがします。なかでもズラッと並ぶタイルは圧巻。でも、これって見るたびに印象が変わるのはなぜでしょう？

タイルが持つ「ライブタイル機能」

[スタート]メニューを開くと画面右にはさまざまなタイルが並びます。メーカー製パソコンの場合は、プレインストール済みのお勧めアプリを表示させることが多いこともあり、機種によって内容はさまざまです。

このタイル上の絵柄が並ぶ部分は、Windows8で登場した「Metroスタイル（モダンUIスタイルとも呼ばれます）」を継承しています。このスタイルはタブレットやスマホを強く意識したものになっています。

[スタート]メニューを開くたびに印象が変わるのは、最新情報を表示させる機能をもったタイルがあるためです。この機能を「**ライブタイル機能**」といい、天気情報やニュース速報を伝えるアプリやUWPアプリが対応しています。

●ライブスタイル機能付きのアプリにはリアルタイムの情報が表示される

ライブ情報を見やすくしたい

ライブタイル機能を使えば、わざわざアプリを起動しなくても最新の情報が入手できる点は便利です。「せっかくの機能なのだから、もっと積極的に利用したい」という人もいるでしょう。

タイルは大きさを「小」「中」「横長」「大」から選ぶことができます。日経225や株価情報といった常にリアルタイムで情報を得たいものは、タイルを見やすい大きさに変更しておくと便利です。

大きさの変更は、タイルを右クリックして[サイズ変更]にマウスカーソルを合わせて、任意の大きさを選択するだけです。

なお、タイルの位置は[スタート]メニューの右エリア内をドラッグすることで自由に配置できます。

●タイルの大きさは変更可能

Column タイルをフォルダー化して整理しよう

ライブタイルを見やすくしたいとき、他のタイルが「ジャマだな」と思うことはありませんか？ そんなときは、ひんぱんに使わないタイルをフォルダー化して整理しましょう。

やり方はカンタン。フォルダー化したいタイル同士をドラッグして重ねていきます。すると1つのタイルにまとまります。使いたいときは、まとまったタイルをクリックすれば各タイルが表示されます。まとめたタイルを「小」サイズにしておけば、メニューがスッキリします。

●1つのフォルダーにタイルをまとめる

●フォルダーをクリックすると、各タイルが表示される

031 どこからアプリを"スタート"させるかはユーザー次第

　Windows10の［スタート］メニューは、これまでのWindowsに見られたメニューの集大成のようなものです。メニューを開くと左側にはテキストとアイコン化されたタイル、右側にはライブタイルを含んだタイルの一覧表示となっています。
　これってパソコンでは使いにくくはないですか？

作業をいかに迅速に"開始"するか？

　Windows10がパソコンだけでなく、タブレットやスマホのOSとしても"使える"ものであることを目指していることを考えれば、パソコンユーザーには不要な部分も当然出てきます。その最たるものが［スタート］メニューのタイルではないでしょうか。
　タブレットやスマホはタッチ操作が前提ですので、従来のアイコンではなくタイルのほうがタップしやすいものです。ところがパソコンはマウスとキーボードでの操作になりますので、従来のアイコンやタスクバーに表示されるボタンで十分です。
　そこで［スタート］メニューからタイルをすべて消してみましょう。

1. タイルを右クリックして［スタート画面からピン留めを外す］を選択します。
2. すべてのタイルを非表示にして、［スタート］メニューの右の境界線をドラッグしてメニュー自体を小さくすると、Windows7以前のスタートメニューに近いデザインになります。

サクッとアプリを起動させたい

　アプリの起動をわざわざ［スタート］メニューから行うのは、ひと手間多いと感じませんか？ Windows7以前のようにデスクトップにショートカットを置いたり、タスクバーにボタン登録しておけば、サインインした直後にアプリを起動できます。
　アプリのショートカットは、［スタート］メニューにあるタイルをメニュー画面からデスクトップへドラッグするだけで作成できます（あまりに簡単でビッ

● タイル表示がなくなれば、Windows7風の［スタート］メニューになる

クリするでしょう）。
　タスクバーに登録したいときは、いったん該当のアプリを起動しておき、タスクバーに表れるアプリのボタンを右クリックして［タスクバーにピン留めする］を選択します。

　あまり派手なことではありませんが、パソコンを仕事のツールとして使っている人には、こうしたカスタマイズが作業効率アップに役立ちます。Windowsって、どんどん自分流に磨き上げていくものなんだ～という認識は持っておきたいですね。

タスクバーに登録しておくと、クリック一発で起動できてとても便利じゃ！

032 夜型タイプの人には朗報！目に優しい「夜間モード」とは

　長時間ディスプレイを見続けていると、目に疲れを感じませんか？　この原因はディスプレイから出る「**ブルーライト**」と呼ばれる青色光が原因です。これを軽減する機能をWindows10が持っていることは、ご存知ですか？

目の疲れを感じるのは、どうして？

　パソコンを使って長時間作業をしていると、「目が痛い」「目が疲れる」という話はよく聞きます。一昔前はディスプレイを見続けると、画面に集中しすぎて"まばたき"が減ってしまい、目の表面の涙が十分ではなくなることで視覚障害を起こすためといわれていました。通常、1分間に20〜30回ほどのまばたきの回数が4分の1まで減るとか。「ドライアイ」と呼ぶこの現象を軽減するために、意識的にまばたきを多くしている人もいるでしょう。

　ところが近年、目の疲れはディスプレイから発せられるブルーライトが原因だという説が出ています。ブルーライトは目で見ることができる可視光線のなかでも波長が短く、散乱しやすいという性質があります。そのためチラつきやまぶしさが起き、脳を警戒させることになります。また紫外線に最も近い強いエネルギーを持っており、目だけでなく身体にも負担を掛けるともいわれています。

　ブルーライトの影響を軽減するためには、特殊なレンズを使った「PCメガネ」をかけたり、ディスプレイに可視光線の透過率を調整する専用フィルターを使用することが有効です。

暗いところで使う端末には導入しておきたい

　ブルーライトによる影響は、目の疲れだけではありません。人は暗闇の中で眠るようにできているのに、深夜遅くまでパソコンやスマホを使い続けると、身体が太陽に光を浴びていると感じて良い睡眠ができないとか。寝る前には、できるだけブルーライトは少ないほうが望ましいのです。

　といっても、眠りにつく前にインターネットを楽しみたいという人は多いでしょう。そこで「**夜間モード**」機能を利用して、ディスプレイから発せられるブルーライトが軽減するように設定しておきましょう。なお、これは2017年4月のCreators Updateで追加された機能です。

1. [スタート]メニューから[設定]ボタンをクリックし、[システム]を選択します。
2. 画面左の[ディスプレイ]をクリックします。通常は「夜間モード」はオフになっています。まずは[夜間モード設定]をクリックします。

● [夜間モード設定]をクリック

3. ディスプレイの色味をどのくらい変更するか、インジケーターを使って調整します。マウスでドラッグすると画面の色が変わりますので、好みの色合いに設定しましょう。

色合いが暖かい感じになるぞ。目の負担を軽減しよう。

●インジケーターで色合いを調整

●夜間モードを設定した状態

こんな機能があるなんて！

スケジュール設定しておけば忘れないね！

4 夜間モードに自動的に切り替えるようにスケジュールの設定をしたいときは［夜間モードのスケジュール］をオンにして、「日没から朝まで」もしくは「時間の設定」をします。オン・オフの時間は15分単位で指定できます。

●夜間モードのスケジュール設定が可能

5 スケジュール設定をすると、夜間モードがオンになります。また設定画面で［今すぐ有効（無効）にする］ボタンで切り替えることも可能です。

Column スマホに添い寝をしてもらっているなら

　インターネット時代の今、情報は24時間昼夜を問わず入ってきます。時差のある外国で起きている出来事をリアルタイムで知りたい。そんな欲求が高じて、就寝時間が過ぎて布団に入っても、なかなかスマホから手を離せないものです。いつまでも画面を見ていると、ますます目が冴えてきますので、ブルーライト対策はきちんとしておきましょう。

　iPhoneならば「Night Shift」(夜間モード)機能が付属しています。「設定」アプリを開き、「画面表示と明るさ」→「Night Shift」を開きオンにしましょう。夜間モードの開始・終了時間（分単位）の設定や色温度の調整が可能です。夜間モードに入ると、画面がほんのり暖かい色に切り替わり「よく眠るのに役立つ可能性があります」と記載されています（効果のほどは、あなた次第です）。

　Androidスマホの場合は、夜間モードの有無は機種によって異なります。自分のスマホに機能がなくても、ブルーライトを軽減できるアプリが複数あります。機能もそれぞれですので、使い勝手の良いものを導入するとよいでしょう。

　余談ですが、最近は若い人のあいだでスマホを長時間見た後、遠くがぼやけて見えなかったり、焦点が合いづらいなどの症状を訴えるケースが増えているとか。これを「スマホ老眼」と呼ぶそうです。防ぐためには、きちんと睡眠をとることが一番。自覚のある人は、夜間モードどころか、すぐにスマホの電源を切って眠りましょう。

PART 2　パソコンを操作するって、どういうこと？ 操作できるカラクリを知りたい！

033 Windowsを自分流に使いやすくしたいのだけど、どこから設定するのか？

　Windows10を初期設定のまま使うのは、もったいない！ 使いやすいように設定を変更してこそ"パソコンの達人"です。とはいえ、設定の見直しや変更はどこで行えばよいのでしょうか？

「設定」アプリと「コントロールパネル」

　一般的な設定は［設定］画面で行います。実はコレ、**「設定」アプリ**なのです。iPhoneでも「設定」という名前のアプリがあり、さまざまな設定機能が用意されているように、Windows10も同じような感覚です。

　とはいえ、現時点の「設定」アプリはWindows10のすべての機能をカバーしているのではなく、たとえばオン/オフの切り替えなどタップ操作でできる範囲内です。もっと細かい設定をするには、**「コントロールパネル」**が必要になります。

●「設定」アプリの起動画面

●「コントロールパネル」の起動画面

　設定を変更する場所が2つもあると、どちらを使えばよいか迷ってしまいます。単純に考えて、==簡単な設定は「設定」アプリ、詳細なものは「コントロールパネル」を使う==と認識してください。

起動方法はいろいろだけど…

　設定の変更をしたいとき、どこから変更画面を開くかを説明しましょう。

　「設定」アプリの場合は［スタート］ボタンをクリックして、左端にある ⚙ ［設定］ボタンを押します。

　「コントロールパネル」の場合は［スタート］メニューに表示されるすべてのプログラムの「Windowsシステムツール」のなかに「コントロールパネル」がありますので、そこから……というところですが、これは面倒くさい！　そこでコントロールパネルをデスクトップから開けるように設定しましょう。

① ［設定］画面にある［個人用設定］を押して、画面左の［テーマ］をクリックします。
② 画面右の［デスクトップアイコンの設定］をクリックするとダイアログが開きますので、「コントロールパネル」にチェックマークを入れて「OK」ボタンを押します。

●コントロールパネルをデスクトップアイコンとして表示する

　これでデスクトップに「コントロールパネル」アイコンが表示されます。

　なお、2017年4月リリースのCreators Update以降、［スタート］ボタンを右クリックして表示する［クイックアクセス］メニューの項目からコントロールパネルは削除されています。

まだまだ発展途上の「設定」アプリ

　「設定」アプリはまだまだ進化の途中のようです。「設定」アプリでカバーできないものは、該当するコント

ロールパネルへ誘導されます。

たとえば電源の設定を省電力に変更したいと［設定］画面の［システム］から［電源とスリープ］画面を開いても選択肢がありません。［電源の追加設定］という青い文字をクリックすると、コントロールパネル内の［ハードウェアとサウンド］にある［電源オプション］の画面が開く、という具合です。

こんな手順を踏む手間を考えると、［クイックアクセス］メニューを活用すれば、［電源オプション］の項目を選択できます。また『神モード（33ページ参照）』を使えば、もっと手早く変更画面に行き着きます。

まだ「設定」アプリは発展途上のもので、使い勝手は今ひとつです。とはいえ、大きなアップデートがあるたびに「設定」アプリの内容が変わってきていますので、将来的にはコントロールパネルからの完全移行もあるかもしれません。

034 日本語入力を担当するのはだれ？

アメリカ生まれのパソコンですが、私たちはキーボードから日本語を入力して使っています。この処理は、いったい誰が担当しているのでしょうか？

日本語入力システムの存在

日本で購入したパソコンなら、特になんらかの設定をしなくても日本語入力が可能です。これは「IME（Input Method Editor）」と呼ばれる日本語入力システムがインストールされているからです。

Windows10には『Microsoft IME』という製品が標準搭載されています。略して「MS-IME」、あるいは単に「IME」とだけ呼ぶこともあります。このほかに、ジャストシステム社の『ATOK』や『Google日本語入力』を利用している人も多いようです。

タスクバーに言語ツールバーがない！

愛用者が多いMS-IMEですが、Windows10のタスクバーには言語ツールバーが表示されていません。「入力モードがひと目でわかるツールバーが非表示なんて、不便だ」という人は、設定を変更しましょう。

① ［スタート］ボタンをクリックして表示される［スタート］メニューのすべてのプログラムのなかから、「Windowsシステムツール」にある「コントロール」パネルをクリックします。

② ［言語］（「カテゴリ」表示の場合は、［時計、言語、および地域］をクリックすると表示されます）を選択し、画面左の［詳細設定］をクリックします。

③ ［入力方式の切り替え］にある「使用可能な場合にデスクトップ言語バーを使用する」にチェックマークを入れて［保存］ボタンを押します。

● 「使用可能な場合にデスクトップ言語バーを使用する」にチェックマークを入れる

④ これでタスクバーの上に言語ツールバーが表示されますので、ドラック＆ドロップして好きな場所に置きましょう。

● 言語ツールバーが表示される

035 次に入力する文字を見透かす機能について知りたい

前項で紹介したMS-IMEを使用していると、キーボードから文字を入力している途中なのに、先に何らかの文字列が表示されます。これをうまく活用すれば、全部の文字を入力しなくても必要な文字列を選択するだけで入力が完了します。

とても便利ではありますが、これって、どういう仕組みなのでしょうか？

MS-IMEの「予測入力」機能のおかげ

たとえば、私が「ぎじゅつひょ」と入力すると「技術評論社」「技術評価」「技術標準」という変換候補が表示されます。入れたかった「技術評論社」を Tab キーを使って選択して Enter キーを押せば入力は完了！ すべての文字をキーで打たずに済みました。

表示される候補を見ていると、自分が以前に入力したことがある文字列が、上位に表示されています。これはMS-IMEが、あなたの入力した履歴のデータを基にしているためです。そう説明されると「一度も入力したことがない文字でも、候補が表示されるけれど？」と思う人もいるでしょう。その場合はシステム辞書のデータが使用されています。

これを**予測入力機能**と呼び、スマホでも搭載されています。スマホをよく使う人はパソコンでも違和感が少なく、特にキー入力が苦手ならばたいへん重宝するでしょう。

予測変換が出てくる文字数は、いくつ？

キーを打つたびに予測される文字が表示されますが、「何文字入力したら候補があらわれるか」は自由に設定することができます。

1. タスクバーの右端にある文字の部分（「A」もしくは「あ」）を右クリックして［プロパティ］を選択します（前項の「言語バーを表示」しているとメニューがあらわれないので、事前に元の状態に戻してください）。
2. ［Microsoft IMEの設定］画面にある［詳細設定］ボタンを押します。［予測入力］タブを開き「予測候補を表示するまでの文字数」を入力しましょう。初期設定では「3」ですが、最大「15」まで設定を変更できます。

●予測候補を表示するまでの文字数を設定する

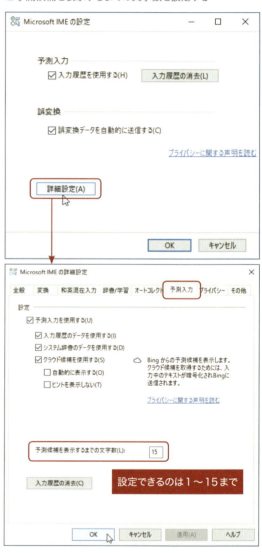

なお、キー入力が得意な人にとっては、キーを打つたびに候補が表示されることをジャマに感じる人もいるでしょう。その場合は予測入力機能を無効にするという選択肢がありますが、それはあまりお勧めしませ

ん。どうやら学習機能と連動しているようで、予測機能を無効にしてしまうと、学習機能が格段に低下してきます。予測入力機能を無効にするのではなく、「予測候補を表示するまでの文字数」を最大の「15」文字に設定することで、候補が表示されにくい状態にしておくとよいでしょう。

間違った入力まで、覚えているんだけど

予測入力候補を見ていると、以前に自分が間違って入力したものまで候補に上がってきます。打ち間違いが多い人にとっては、苦々しいものです。

不要な候補は手動で削除することができます。

1. 文字を入力して候補の一覧を表示させ、不要なものを Tab キーを使って選択します。
2. 文字列を反転させた状態で Ctrl + Delete キーを押します。これで一覧から削除でき、次回からは候補に表示されません。

● 削除したい文字を選択して Ctrl + Delete キーを押す

日付を効率的に入れる機能も登場

実はMS-IMEもWindows10の成長とともに、機能がアップしていきます。Anniversary Update（41ページ参照）以降、たとえば「きのう」「きょう」「あした」と入力すると、予測入力の候補に該当する日付が表示されるようになりました。

ビジネス文書に日付を入れることが多い人にとっては、効率アップに有効な機能です。ぜひ、活用してください。

● 該当する日付が候補に表示される

予測入力機能ってとても便利だね。

使いこなせば、スピーディに入力できるね。

Column 共有しているパソコンなら「プライベートモード」で！

ユーザーが入力した内容の履歴を使って変換の候補を表示してくれる機能は「複数の人が共有しているパソコンでは、あまり有効ではないのでは？」と思われがちです。

そんなときは、「**プライベートモード**」を活用しましょう。タスクバーの右端にある文字の部分（「A」もしくは「あ」）を右クリックすると「プライベートモード」が表示されます。この機能は「オン」にしている間は入力内容を蓄積し、「オフ」に切り替えるとその内容を削除してくれます。

ひんぱんに入力する文字列は人によって違うことを考えると、この機能は有効でしょう。それに自分が入力していた内容を変換候補からほかの人に知らせてし

まうかも、という心配もなくなります。

● プライベートモードのオン/オフを活用しよう

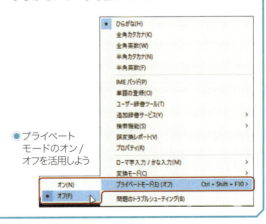

036 Windows10は文字がキレイじゃないって、ウワサで聞いたけど

　以前からWindowsを使っている人のなかには、「10は文字がにじんだように見えてキレイじゃない」と感じる人がいます。同じWindowsなのに、どこが違うのでしょうか？

美しかった「メイリオ」とは、サヨウナラ

　文字をディスプレイに表示するためには、文字の形を表現するデータが必要です。このデータを「**フォント**」と呼びます。もともとフォントは「font」という印刷用語で、「同一書体、大きさの活字のひとそろい」という意味があります。

　Windowsにおける日本語標準フォントには、いろいろな種類があります。そのなかでも有名な『**メイリオ**』はVistaで登場し、8.1までシステムフォント（タイトルバーやメニューの文字に使用されるフォント）として採用され続けていました。メイリオ（Meriyo）は日本語の"明瞭"を語源とし、「画面上で見ても印刷しても極めて明瞭で読みやすい」という意味が込められており、確かにXPまで採用されていた『MSゴシック』に比べると、見やすく美しいものでした。

『游ゴシック』をベースにした新フォント

　最近のディスプレイは高解像度化が進み、フルHD解像度のディスプレイが主流になっています。さらに4K解像度のディスプレイも登場しており、システムフォントも進化が求められる状況にあります。それを踏まえて、Windows10では従来のメイリオ（正確にはMeiryo UI）ではなく『**Yu Gothic UI**』が採用されました。

　Yu Gothic UIのベースとなっているのは『**游ゴシック**』というフォントです。これは有限会社字游工房がデザインしたもので、電子書籍アプリでも採用されています。

　また游ゴシックはアップル社のmacOSにも搭載されており、Windowsでは『**游明朝**』とともに8.1から標準でインストールされるようになりました。これによりMacでもWindowsでも同じフォントで表示ができるようになり、Web制作者などプロのデザイナーなどには早くから注目されていました。

　それに『Microsoft Office2016』でも、游ゴシックがデフォルトフォント（ただしWordは游明朝）になっています。

Windows10で見ると違和感がある、かな？

　このように游ゴシックは突然現れたフォントではないのですが、Windows10のメニュー表示などに使われるようになると、「なんだか見にくい」「文字がにじんだようで汚い」という声がユーザーからあがっています。

　システムフォントがメイリオのWindows7での文字と10のそれを比較すると、下図のようになります。これを見るとWindows10では文字が細くてかすれたようだったり、文字の間隔が適切ではないように思えるかもしれません。ここは個人によって感じ方は、それぞれでしょう。

●Windows7におけるシステムフォント

●Windows10おけるシステムフォント

これでは見づらいと思うなら「Windows10のフォントを変更してしまえ！」というところですが、残念ながらシステムフォントは変更できません。どうしてもガマンがならない場合は、フォント変更ツールを導入（コラム参照）する必要があります。

なんだか長文が読みにくい、と感じたら

Webページなど長文を読んでいるとき、文字が見にくいと感じたら、「ClearType」を調整しましょう。

ClearTypeとはMicrosoft社が開発した文字の角を丸めてギザギザの縁を除く「フォントスムージング」技術で、液晶ディスプレイに文字を精細に表示する機能です。文字と背景の境目に双方の中間色を配置して、階調を調整することで文字をなめらかに見えるようにしています。

ClearTypeの調整手順は、次のとおりです。

■1「コントロールパネル」を開き、［フォント］をクリックします。

■2 画面左の［ClearTypeテキストの調整］をクリックします。

● ［ClearTypeテキストの調整］をクリック

■3「ClearTypeを有効にする」にチェックマークを入れて［次へ］ボタンを押します。

● 「ClearTypeを有効にする」にチェックマークを入れる

■4 使用しているディスプレイを確認して［次へ］ボタンを押します。

■5 サンプルテキストが表示されますので、自分が読みやすいものを選択して［次へ］ボタンを押します。

● 自分の読みやすいテキストを選択する

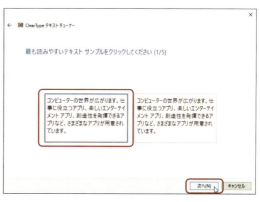

■6 5つのサンプルを選択し、「モニターのテキストの調整が完了しました」と表示されたら［完了］ボタンを押します。

Column | **Windows10のシステムフォントを変更するツール**

Windows10ではシステムフォントは変更できません。システムフォントが変わることでWindows全体のデザインが崩れることを懸念しているのかもしれませんが、とにかく"できない"のです。

ど〜しても別のフォントが使いたいならば『Windows10 フォントが汚いので一発変更！』というフリーソフトを導入しましょう。これを使えば、Windows7のメイリオやXPの『MS UI Gothic』でメニューやファイル名を表示させることが可能になります。

ソフト名：Windows10 フォントが汚いので一発変更！
入手先：http://www.vector.co.jp/soft/winnt/util/se511460.html
作者：株式会社フリースタイル

037 パソコンはアメリカで誕生したのに、日本語が使えるのはなぜ？

　パソコンはもともとアメリカ生まれです。ですが[スタート]メニューをはじめ、設定画面やアカウント名など、すべて日本語で表記されています。それに日本語入力システムを使えば、さまざまなアプリケーションソフトに日本語を入力できます。

　一体どういったしくみで、日本語を使えるようになっているのでしょうか？

まずは文字コードのお話からはじめましょう

　パソコンでは、文字も数字の組み合わせにして記録されます。「どの数字をあてはめると、どの文字が表示される」といった体系を「文字コード」と呼び、パソコンは当初100文字程度の英数字を扱える「ASCII（American Standard Code for Information Interchange：アスキー）」コードを採用していました。これは1963年にアメリカ規格協会（ANSI）が定めた文字コードで、7ビットのデータを1単位として表現して、128文字の英数字、記号、制御文字によって構成されています。ASCIIコードでは16進数でコード番号を示します。具体的な文字との対応は下の表のようになります。

　この表を使って「tadano」をASCIIコードで置き換えてみましょう。「54 61 64 61 6E 6F」となります。このようにキーボードで入力された文字はコード化されて、コンピューターが理解できるように最終的には2進数に変換されて処理が行われるのです。

日本語の文字コード事情

　日本語の文字コードのなかで、今や業界水準となっているのは「シフトJIS（ジス）」です。この文字コードが生まれるまでの経緯を紹介しましょう。

　日本のパソコンでは、スタートのときから8ビット文字コードが採用されました。8ビットコードでは256（16×16）種類の文字を扱えますので、アルファベットの大文字・小文字、カタカナと数種類の記号を

● ASCIIコード

	0	1	2	3	4	5	6	7
0	NUL	TC7(DLE)	SP	0	@	P	`	p
1	TC1(SOH)	DC1	!	1	A	Q	a	q
2	TC2(STX)	DC2	"	2	B	R	b	r
3	TC3(ETX)	DC3	#	3	C	S	c	s
4	TC4(EOT)	DC4	$	4	D	T	d	t
5	TC5(ENQ)	TC8(NAK)	%	5	E	U	e	u
6	TC6(ACK)	TC9(SYN)	&	6	F	V	f	v
7	BEL	TC10(ETB)	'	7	G	W	g	w
8	FE0(BS)	CAN	(	8	H	X	h	x
9	FE1(HT)	EN	)	9	I	Y	i	y
A	FE2(LF)	SUB	*	:	J	Z	j	z
B	FE3(VT)	ESC	+	;	K	[	k	{
C	FE4(FF)	IS4(FS)	,	<	L	\	l	|
D	FE5(CR)	IS3(GS)	-	=	M	]	m	}
E	SO	IS2(RS)	.	>	N	^	n	~
F	SI	IS1(US)	/	?	O	_	o	DEL

● JISコード

	0	1	2	3	4	5	6	7	A	B	C	D
0	NUL	DLE	SP	0	@	P	`	p		ー	タ	ミ
1	SOH	DC1	!	1	A	Q	a	q	。	ア	チ	ム
2	STX	DC2	"	2	B	R	b	r	「	イ	ツ	メ
3	ETX	DC3	#	3	C	S	c	s	」	ウ	テ	モ
4	EOT	DC4	$	4	D	T	d	t	、	エ	ト	ヤ
5	ENQ	NAK	%	5	E	U	e	u	・	オ	ナ	ユ
6	ACK	SYN	&	6	F	V	f	v	ヲ	カ	ニ	ヨ
7	BEL	ETB	'	7	G	W	g	w	ァ	キ	ヌ	ラ
8	BS	CAN	(	8	H	X	h	x	ィ	ク	ネ	リ
9	HT	EM	)	9	I	Y	i	y	ゥ	ケ	ノ	ル
A	LF	SUB	*	:	J	Z	j	z	ェ	コ	ハ	レ
B	VT	ESC	+	;	K	[	k	{	ォ	サ	ヒ	ロ
C	FF	FS	,	<	L	\	l	|	ャ	シ	フ	ワ
D	CR	GS	-	=	M	]	m	}	ュ	ス	ヘ	ン
E	SO	RS	.	>	N	^	n	~	ョ	セ	ホ	゛
F	SI	US	/	?	O	_	o	DEL	ッ	ソ	マ	゜

カタカナが使えるJISコードは画期的だったのじゃ。

その後、シフトJISへと進化していくのね。

含めた「JIS X 0201」がまず規格化されました。これが1969年のことです。当時の技術では、微妙な曲線を持つひらがなを表現することはできず、カタカナだけしか扱えませんでした。とはいえ、それまでのパソコンは日本語がまったく使えませんでしたので、これは画期的な文字コードでした。

その後の技術の進歩によって、1978年にはひらがな、漢字が利用できる「JIS X 0208」が策定されました。この規格では1文字を16ビットで処理しますので、最大65536文字（2の16乗）の文字が扱えます。そのため漢字、ひらがな、カタカナ、ローマ字、数字、特殊文字、ギリシャ文字、ロシア文字がサポートされています。

JIS規格は1983年、1990年、1997年、2000年と4回改訂が行われています。

このJISコードには、実は難点がありました。それはASCIIコードと漢字が混在するとき、半角文字と全角文字の先頭に特殊な文字を挿入して区別する「エスケープシーケンス」を使うために、データ量が増えてしまう点です。そこでMicrosoft社は、JIS X 0201で未使用となっているコードを漢字コードの先頭に入れ、これによって漢字を認識する「シフトJIS」を策定しました。シフトJISでは、エスケープシーケンスを使いませんのでコード化は面倒ではありません。さらに文字列の見かけ上の長さとバイト数が比例するため、等幅フォントで表示すると画面上の桁数とバイト数が合致するという特長があります。

こうしてシンプルでわかりやすいシフトJISが生まれ、今や日本語を扱うパソコンでは広く使われています。

Vista以降は「JIS2004」が採用されている

XPまではJIS X 0208（以下、JIS90）でしたが、Vistaからは「JIS X 0213：2004（以下、**JIS2004**）が採用されました。JIS2004は「表外漢字字体表（平成12年12月8日 国語審議会答申）」の趣旨に従って、JIS2000に準拠しています。

このJIS2004の採用により、これまで表現できなかった漢字も使えるようになった（具体的にいえば常用漢字表にない表外漢字の基準である「表外漢字字体表」が示した「印刷標準字体」を採用）わけです。これにより、従来はパソコンで正確に表現できなかった市町村名や氏名を扱えるようになっています。

038 世界中で使える文字コード「Unicode」ってなに？

今やインターネットによって、世界中のパソコンはつながっています。ですが、どの国のパソコンでも問題なく使える文字コードはASCIIコードのみです。これでは使い勝手が悪いので、どういった言語にも対応した新しい統一文字コードが求められ、そこで登場したのが「**Unicode**（ユニコード）」です。

Unicodeのメリットと抱える問題

Unicodeは世界各地域で使われる文字を収録して、ひとつの集合（詳しくいえば「符号化文字集合」）とするものです。開発にはMicrosoft社をはじめアップル社、サン・マイクロシステムズ社、オラクル社なども加わっています。主旨はすばらしいとはいえ、実はUnicodeは多くの問題を抱えているために、なかなか普及できない点があります。

日本語にもっとも関わりのあるものは「**ハンユニフィケーション**」の問題です。これは日本、中国、韓国などで使われている漢字を「**形が似ているから**」との理由で同じ漢字として扱っている点です。収録できる文字数よりも漢字の種類のほうがはるかに多いため、それを解決するために考案された方法です。とはいえ、明らかに意味が違う漢字を単に形が似ていると

いうだけで同じ漢字にされては、私たち漢字文化を持つ民族はたまりません。このように、各国の文化を無視した見解だとの厳しい批判が起こったのです。

問題を解決するための裏技！？

そこでUnicode2.0では、「**サロゲートペア**」による拡張が行われました。これは「サロゲート」と呼ばれる上位1,024個と下位1,024個からなる制御文字を用意し、上位と下位を合わせて1文字を表します。「1文字＝2バイト」のルールの中で、一部の文字を「1文字＝4バイト」で表現するのです。これにより「1024×1024＝1,048,576」文字が拡張されます。

この拡張によって、ハングル文字の追加や互換性のない文字コードを移動させるなどして、諸国の文字の違いが表現されるようになりました。

ちなみにサロゲート (surrogate) には「代わりのもの、代理人」という意味があり、それを2つペアにして使用することから、サロゲートペアという名称になったとか。また、サロゲート処理のことを「UTF-16」とも呼びます。

そしてUnicode3.1では、JIS2004の内容も収録されています。

Unicodeのみでは、すべて解決はできない

OSの世界では、WindowsやmacOS、UnixでもUnicodeが採用されています。ここで「Unicodeがあれば、どんな文字もOKだから、他の文字コードは不要だよね」と思うのは、ちょっと話が早すぎます。実はUnicodeは、ASCIIコードやシフトJISと互換性がありません。もしOSがUnicodeしかサポートしていなければ、今までのアプリケーションは使えなくなるかもしれません。そのためWindows10でも、従来の文字コードとUnicodeの両方に対応できるようになっています。

なお、Unicodeにおける文字符号化方式（符号化文字集合で文字に対応した数値をコンピューターが利用できるように変換する方式）には、主なものに「UTF-8」「UTF-16」「UTF-32」などがあります。

Unicodeは世界中で使え、いろいろなOSでも採用されているのだよ。

でも、問題もあることは知っておこう。

Column | **LINE利用者が叫ぶ「ユニコードは犯罪だから」の怪**

スマホで『LINE』を利用している人が「LINEウイルスにやられた」「強力なユニコードを送りつけられて、LINEが使えなくなった」と嘆いている話を聞きました。なかには「ユニコードは犯罪だから」という驚くべき発言もありました。

なんだか"ユニコード"という名前の強力なウイルスが横行しているように見えますが、それは間違いです（そんなウイルスは、存在しません）。

LINEアプリでは特定の文字列を表示するときに、極端に遅くなったり、アプリが落ちるという現象が起きます。Unicodeの特定の文字列（黒いひし形に「？」が入ったものや渦巻のような記号などで表示される）がこれにあたり、送り付けられた人のスマホでは、その文字列を読み込んで何とか表示しようと処理をするため、動作が急激に遅くなります。状況によってはLINE画面がハングアップした状態になり、いったん終了させて再度立ち上げようとしても起動しなくなります。

ウイルスではないのですが、LINEを愛用している人にとっては、大きな打撃を与える"迷惑行為"であるわけです。

LINEに限ったことでなく、Unicodeの特定文字を送ると、相手のアプリが変な表示をしたり、動作が停止することはあります。それを知って悪用するのはもっての外！

その一方「ユニコードは犯罪だから」と発言するのは、そもそもUnicodeが何であるかを知らない、自分の知識不足をさらしているようなものです。

ちなみにスマホでLINEが重くなった場合、まずは履歴を消してみましょう。またパソコンからLINEアカウントにログインが可能ならば、パソコン上で見知らぬ人から招待されたグループから退会することで解決できます。

039 Windows10を日本語以外の言語で使えるってホント？

いつもはWindows10を日本語で使っているけれど、英語表記のものが必要になったら、どうしますか？ Windows10の英語版を購入する……なんてことをしなくても大丈夫。日本語版のWindows10を他言語版に切り替えることが可能です。

Windows10を日本語以外の言語に変身させる

Windows10では言語環境の変更をすべてのエディションで行うことができます。

英語に限らず、フランス語、ドイツ語、中国語などさまざまな言語に対応しているだけでなく、英語のなかでも米国、オーストラリア、インドなど国を選ぶこともできるという充実さ！ 日本語以外の言語環境が必要な人は注目です。

早速、設定を変更してみましょう。

1. [スタート]メニューから[設定]ボタンをクリックし、[時刻と言語]を選択します。
2. 画面左の[地域と言語]を選択し、[言語の追加]をクリックします。

●[言語の追加]をクリック

3. [言語の追加]画面で「English 英語」をクリックします。
4. さまざまな英語圏の国名が表示されますので、使用したい国を選択します。

●使用したい国を選択

5. 選択した言語パックが表示されますので、クリックして[既定として設定]ボタンを押します。

●[既定として設定]ボタンを押す

6. 次回のサインインから選択した言語の環境に変更されます。

●選択した言語環境に切り替わる

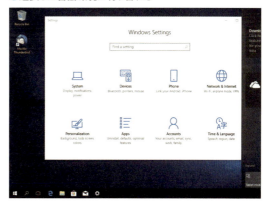

040 ウィンドウの枠が白いのは、あなたにとって是か非か？

パソコンで何らかの作業をするとき、エクスプローラーを開いたり、アプリを起動したりします。デスクトップに表示されるウィンドウ上部は、ズバリ"白"です。

はじめて使ったパソコンがWindows10だった人は「こんなもんかな」と思うかもしれません。しかしVistaや7から移行してきた人には、違和感のあるデザインでしょう。

Vistaで登場した「Aero Glass」

［スタート］メニューやアクションセンターを開いてください。タイルなどのアイテムがない部分は透過して、画面の向こう側にあるものが透けて見えます。これは「Aero Glass（エアログラス）」と呼ばれるもので、Vistaで登場した「Windows Aero」と呼ばれるGUI（グラフィカルユーザーインターフェース）の機能のひとつです。

Windowsの長い歴史の中、GUIが大きく変わったのはVistaからですが、ここでは、ウィンドウの枠のデザインに絞って話をしましょう。

Vista以前までは、ウィンドウの枠は比較的明確でした。デザインによってWindows2000風の「Windowsスタンダード」、Windows98/Me風の「Windowsクラシック」と呼ばれるものがあり、ウィンドウの上部は色付きで前者はベタな状態、後者はグラデーションというデザイン。上部に色が付いている分、ウィンドウ自体に存在感がありました。

VistaではAero Glassの採用により、ウィンドウの枠も半透明の状態に表示されるようになりました。この頃にはパソコンの性能が格段にアップしてきており、搭載するメモリの容量も増えてきたため、高画質な画像を壁紙にする傾向が強くなっていました。美しい壁紙の上でウィンドウを開くと、まるで擦りガラスのような枠が付いた画面が開き、枠には壁紙がかすかに見える……。「な〜んてオシャレなんだ！」と、ウットリしたのは私だけではないでしょう。

この演出は、以降のWindowsでも引き継がれていたのですが、Windows10では"Aero Glassは一部分でのみの採用"と変更になっています。

●Vistaで登場したGUIは夢見るように美しかった

"白い枠がイヤだ"という人向きの隠し機能

Windows10がリリースされた2015年頃は、スマホやタブレットの普及が急速に進み、パソコンに代わってユーザーの生活に馴染んでいった時期です。CPUの性能からするとパソコンよりも劣るスマホやタブレットでは、フラットデザイン（フラットUI）が使われています。シンプルなレイアウトと色で表現することで、画面の小さなデバイスでも見やすくキレイな表示を実現するもので、Vista以降まで見られたリッチデザインとは異なります。

パソコンに限定して考えれば、立体感があったり透過したりといった表現には問題はありません。しかしパソコン以外のデバイスでは、凝った絵柄は細かい部分がつぶれてしまって見にくくなる恐れが出てきます。

それらを考慮してか、タブレットやスマホでも使われるWindows10ではフラットデザインが導入され、ウィンドウの枠は白くベタなイメージとなっているわけです。

このデザインではウィンドウの区別が付きづらく、ど〜も使いづらい。そう感じるなら、「Aero Lite」という隠しテーマを使ってみましょう。ウィンドウの枠に色を付けることができ、最大・最小化、閉じるボタンもハッキリ表示されます。

設定手順は、次のとおりです。

①［スタート］ボタンの右横の［ここに入力して検索］フォームに次の文字列を入力して[Enter]キーを押します。

C:¥Windows¥Resources¥Themes

②表示された［Themes］フォルダー内の「aero.theme」をコピーしてデスクトップに貼り付けます。

●「aero.theme」をデスクトップにコピーする

③デスクトップの「aero.theme」のファイル名を「Aero Lite.theme」に変更します。

●ファイル名を「Aero Lite.theme」に変更

④「Aero Lite.theme」ファイルを右クリックして［プログラムから開く］を選択して、［その他のアプリ］をクリックし『メモ帳』を選択して［OK］ボタンを押します。

⑤メモ帳の画面で「DisplayName」と「Path」という項目をそれぞれ下記のように変更し、上書き保存をして閉じます。

DisplayName → Aero Lite
Path → %ResourceDir%¥Themes¥Aero
　　　　　　　　　　　¥Aerolite.msstyles

⑥手順①の操作をして、再度［Themes］フォルダーを開きます。ここに手順⑤で作成したファイルをコピーして貼り付けてからダブルクリックします。

●コピーしたら、ダブルクリック

⑦［個人用設定］画面の［テーマ］が開き、［テーマの適用］に「Aero Lite」が追加されていますので、これをクリックすると有効になります。

●Aero Liteのテーマを有効にする

これでウィンドウの枠に色が付きます。この枠は［個人用設定］画面の［色］にあるアクセントカラーを切り替えることで好きな色に変更することができます。

なお、別のテーマに切り替えると、Aero Liteは無効になります。

●ウィンドウの枠を赤に設定してみた

041 ウィンドウが勝手に移動して、行儀よく整列してしまう不思議

パソコンで何らかの作業をするとき、必ず開くウィンドウ。マウスでドラックすれば、画面のどの場所にでも移動することができます。でも上のほうに持っていくと、ぴぁーっと画面いっぱいに拡がったり、右端に寄せるとシャキーンと画面の右半分に表示されたり、ウィンドウが勝手に整列します。

これは、どういう仕掛けなのでしょうか？

「スナップ」機能というもの

たとえばブラウザーを開いてインターネットで調べ物をしながら、ワードを起動して資料を作成。その途中で電子メールをチェックする、というように、複数のアプリケーションソフトを起動して同時進行で作業を行うことはめずらしくありません。いくつものウィンドウを開いているわけですが、これらを効率よく使うために、Windows10には「**スナップ**」機能があります。

実はこの機能はWindows7ではじめて搭載されたもので、当時は「Aero Snap（エアロスナップ）」と呼ばれていました。前項でも触れましたが、Windows10ではWindows Aeroが廃止されていますので、「Aero」の文字がなくなって、単にスナップ機能と呼ばれています。

なお、Windows10ではデスクトップモードであってもストアアプリ（60ページ参照）を利用できます。起動画面はデスクトップアプリ同様、ひとつのウィンドウとして扱うことができ、スナップ機能も使えます。

ウィンドウをスナップ機能で整列させる

デスクトップモードでは、開いているウィンドウに対して、たとえばタイトルバーを上部に移動するといった特定のジェスチャーを行うと即座に整列が実行されます。画面は4分割されますので、このジェスチャーと配列を覚えておけば、ウィンドウ操作が簡単になります。

なお、各ジェスチャーにはショートカットキーが割り当てられていますので、合わせて覚えておくとよいでしょう。

■画面の半面に表示する

タイトルバーを画面の右（ないし左）端にドラッグします。ショートカットキーでは [Windows] + → （もしくは ←）キーです。

●画面の半面表示

■画面の4分の1に表示する

タイトルバーを画面の四隅にドラッグします。ショートカットキーでは [Windows] + → + ↑ （↓）（もしくは ← + ↑ （↓））キーです。

●画面の4分の1に表示

■ウィンドウの最大化

タイトルバーを画面の上部にドラッグもしくはダブルクリックします。ショートカットキーでは（[Windows]）+ ↑ キーです。

●最大化により画面全体に表示

■垂直方向に最大化

タイトルバーの境界線部分を画面の上部にドラッグもしくはダブルクリックします。ショートカットキーでは ■ ([Windows]) + [Shift] + [↑] キーです。

●垂直方向に最大化して表示

■アクティブウィンドウのみ表示

複数のウィンドウを開いている状態で、アクティブウィンドウのみを残して他を最小化する「**ウィンドウシェイク**」は、任意のウィンドウのタイトルバーを左右に振るようにドラッグします。ショートカットキーでは ■ ([Windows]) + [Home] キーです。

●アクティブウィンドウのみを表示

スナップ機能の最適化は「設定」画面で

スナップ機能を最適化したい、もしくは無効にしたい場合は、[設定] 画面の [システム] を開き、画面左の [マルチタスク] を選択します。スナップに関する項目が表示されますので、オン・オフを切り替えて最適化しましょう。

なおスナップ機能自体を無効にしたい場合は、[ウィンドウを画面の横または隅にドラックしたときに自動的に整列する] をオフにしてください。

●これでスナップ機能はオフになる

Column タブレットモードのスナップ機能

タブレットモードでもスナップ機能は使えますが、画面は2分割です。アプリを起動すると画面いっぱいに表示されますが、ウィンドウの上部をタッチしてドラッグ、もしくはマウスでドラッグして画面の左右いずれかにドロップすると、画面中央に黒い境界線が現れます。このときは等分に2分割となっていますが、境界線の中央部分にあるハンドルをドラッグすることで、分割する位置を変えることができます。

ただしアプリによって表示できる最低の幅は異なるため、意図するサイズにできないこともあります。

●タブレットモードでは2分割

042 効率よくウィンドウを切り替えていく手法がある！

複数のアプリを起動し、いくつものウィンドウを開いて作業を進める——。操作をするのは自分一人なのだから、今、使うものを素早くアクティブ状態にすることが、効率アップにつながります。

そのためにWindows10は、あの手この手を用意しているのですが、ユーザーが知らなければせっかくの機能も宝の持ち腐れです。

ここでは理屈抜きで"こうやれば、こうなる"手法の数々を紹介しましょう。

一番手っ取り早いのは「タスクビュー」だ！

アプリを起動したり、フォルダーを開くとタスクバーにアイコンが表示され、起動中のものは下部に青いバーが表示されます。これで、どのアプリが起動しているかわかりますが、複数のファイルが開いている詳細までは判別できません。

●アイコンの下部に青い線があるものが起動中

そこでタスクバーにある「**タスクビュー**」アイコン🗔をクリックしてみましょう。一瞬で開いているウィンドウがサムネイル化して表示されます。ここで必要なものをクリックすれば、そのウィンドウがアクティブ状態になります。再度「タスクビュー」アイコンをクリックすると、元の状態に画面が戻ります。

なお、この操作はショートカットキーでも可能です。

●「タスクビュー」アイコンをクリック

［タスクビュー］アイコン

■（[Windows]）＋ [Tab] キーを押してください。

またサムネイルにマウスポインターを合わせると、右上に ✕ ［閉じる］ボタンが出ますので、ここでアプリを終了することもできます。

●サムネイルの右上の「閉じる」ボタンで終了もできる

キーボード派なら「Windowsフリップ」だ！

タスクビューを使うと、どうしてもマウス操作が伴います。キーボード派なら、ショートカットキーで操作できる「**Windowsフリップ**」がお勧めです。

1 [Alt] ＋ [Tab] キーを押すと、開いているウィンドウのサムネイルが画面中央に並びます。

2 [Alt] キーを押したまま [Tab] キーを押し続けると、右方向に順々に選択していきますので、手を止めたサムネイルがアクティブウィンドウとなります。

3 [Alt] ＋ [Shift] ＋ [Tab] キーを押すと、左方向にサムネイルを選択していきます。

また [Ctrl] ＋ [Alt] ＋ [Tab] キーを押すと静止状態のWindowsフリップが表示されます。上下左右の矢印キーで移動して、開きたいものを選択したら [Enter] キーを押しましょう。

●画面中央にWindowsフリップが並ぶ

いくつもウィンドウを開いて作業するときにおすすめの機能じゃぞ。

ショートカットキーも一緒に覚えよう！

Column 「ウィンドウ全部がジャマなんだよっ！」というときのワザ

　たくさんのウィンドウを開いてしまって壁紙も見えない状態だけど、デスクトップに置いてあるショートカット使いたい。ウィンドウを一枚ずつドラックして移動させたり、閉じていくのが面倒だ～というとき、一瞬でデスクトップを表示する機能があります。
　ショートカットキーの ■（[Windows]）＋ Ｄ キーを押してください。すべてのウィンドウが最小化されます。再度押すと元の状態に戻ります。
　また、タスクバーに右端の小さなエリア（これを「デスクトップを表示」と呼びます）にマウスカーソルがくると、ウィンドウが枠だけのプレビュー表示に変わる機能があります。これは以下の設定で有効になります。

① [設定]画面で[個人用設定]をクリックします。
② 画面左の[タスクバー]を選択して、[タスクバーの端にある[デスクトップの表示]ボタンにマウスカーソルを置いたときに、プレビューを使用してデスクトップをプレビューする]をオンにします。

　マウスカーソルが[デスクトップを表示]から離れると、元の状態に戻りますので、「デスクトップに置いているものを確認したい」ときに役に立ちます。

●タスクバーの右端のエリアにマウスカーソルを合わせるとウィンドウが枠だけになる

Column ウィンドウが立ち上がって行進していた時代も……

　タスクビューを表示するショートカットキーを押して「おや？」と思った人はいませんか？
　このショートカットキーは、Vistaでは「**Windowsフリップ3D**」と呼ばれた機能を実行するものでした。開いているウィンドウがすべて立ち上がり、[Tab]キーを押すとウィンドウが順々に手前に出てきて、まるで行進しているようでした。
　Windows Aeroでの演出はデザイン的には斬新でしたが、実用度に乏しく、結局Windows10では廃止となりました（遊び心よりも仕事優先ってことかも？）

●このようなウィンドウの行進は、もう見ることができない光景

043 デスクトップがいくつもできる「仮想デスクトップ」って、なに？

複数のアプリを起動して、さまざまな作業を並行して行えるWindowsのマルチタスク機能は超便利！だけど、やることが多くなればなるほど、デスクトップがウィンドウだらけになりませんか？

そんなときに「仮想デスクトップ」機能が重宝するのです。

こんなシーンには、活用したい機能

Windows10の新機能のひとつ、**仮想デスクトップ**は、物理的にディスプレイが複数なくても、ソフトウェア的にデスクトップ表示領域を確保するものです。

たとえば一台のパソコンで、仕事にも遊びにも利用したいときは便利です。私の場合は、原稿執筆のために必要となるWord、PDFファイルの資料を見るPDFリーダー、最新情報を確認するためのブラウザー、そして編集者とやりとりする電子メールソフトが"仕事用"です。これらのウィンドウは「デスクトップ1」で開いています。一方、趣味の情報を収集するためのTwitter、友人との連絡手段であるLINE、そしてSkypeは"遊び用"として「デスクトップ2」で開いておきます。

仕事に集中した後、ちょっと休憩をとるときにデスクトップを切り替えるだけで、利用するアプリが変わって気分転換ができるわけです。

このように利用目的が異なる作業環境を整えたいとき、仮想デスクトップは大いに役立ちます。

使い方は意外と簡単
新しいデスクトップの作成方法

では、新しいデスクトップを作ってみましょう。

1 タスクバーにある[タスクビュー]アイコンをクリックします。

● [タスクビュー]アイコンをクリック

2 画面右に[＋]と[新しいデスクトップ]の文字が表示されますので、これをクリックします。

● [＋]と[新しいデスクトップ]をクリック

3 仮想デスクトップが作成されて、「デスクトップ2」というサムネイルが表示されます。

● デスクトップごとにサムネイルが表示される

この手順を繰り返すことで、デスクトップを複数作成することができます。作成できる数の上限は決まっていないようで、試しに作成し続けてみましたが、かなりの数ができました。そんなに多く作成しても、自分が管理できる数は限られていいますので、上限については気にしなくてもよいでしょう。

なお、新しい仮想デスクトップの作成は、■ （[Windows]）＋[Ctrl]＋[D]キーのショートカットキーでも可能です。

仮想デスクトップを使いこなす

仮想デスクトップを作成したら、まずは操作してみましょう。

1 デスクトップを切り替えるときは、[タスクビュー]アイコン ▭ をクリックすると、サムネイルが表示されます。ここで使いたいデスクトップをマウスでクリックします。

2 2つか3つ程度ならショートカットキーのほうが効率的です。■ （[Windows]）＋[Ctrl]＋[→]も

しくは→キーを押すと順次画面が切り替わりますので、使いたいデスクトップで手を止めます。

また、使っているウィンドウを別の仮想デスクトップに移動させることもできます。

1️⃣ 移動元のデスクトップを表示した状態で、[タスクビュー]アイコン▭をクリックします。

2️⃣ 開いているウィンドウのサムネイルが画面に表示されます。移動させたいサムネイルをタスクビューにある任意の仮想デスクトップのサムネイルにドラック＆ドロップします。

●移動したいデスクトップにドラック＆ドロップ

作成した仮想デスクトップを終了したいときは、[タスクビュー]アイコンをクリックすると表示されるサムネイルの右上にある ✕ [閉じる]ボタンを押しましょう。

なお、パソコンは再起動しても仮想デスクトップは保持（ただしアプリは再度起動する必要あり）されます。無用になった仮想デスクトップは、忘れずに終了するように心がけましょう。

● ✕ [閉じる]ボタンを押すと仮想デスクトップが終了する

一台のパソコンでいろいろなデスクトップを使い分けられるぞ！

> **Column** 仮想デスクトップでの表示範囲について
>
> [設定]画面の[システム]にある[マルチタスク]に仮想デスクトップでの表示範囲についての設定があります。
>
> 仮想化したことで別々のデスクトップができているわけですが、Windowsフリップやタスクバーに表示されるものが、すべてのデスクトップであるか、使用しているデスクトップのみであるかを選択できます。
>
> ひとりで複数のデスクトップを操作しているとき、アプリケーションソフトまで"別モノ"扱いにしたいときは、「使用中のデスクトップのみ」を選択しましょう。
>
> ●初期状態では「すべてのデスクトップ」
>
>

PART 2 パソコンを操作するって、どういうこと？ 操作できるカラクリを知りたい！

044 画面右下にメッセージが出たけど、すぐ消えちゃった？

　画面右下になにやらメッセージが表示されたけど、他の作業をしているうちに消えてしまった！　あとからゆっくり読みたかったのに……。大丈夫です。「**アクションセンター**」を開いてみましょう。

●画面右下に出るメッセージは、しばらくすると消えてしまう

通知の履歴は、アクションセンターにある

　システムやアプリからのメッセージは、「トースト」と呼ばれる小さなダイアログで表示します。これは一定時間が経過すると消えてしまうのですが、Windows10ではアクションセンターに履歴が残るようになっています。

　アクションセンターは<mark>タスクバーの右端にある吹き出し型の「通知」アイコンをクリック</mark>すると開きます。画面上部にメッセージの履歴が一覧表示されますので、時間のあるときにゆっくり確認しましょう。

各種設定に素早くアクセスするという用途

　アクションセンターは、もうひとつ"各種設定を素早く切り替える"という役目を持っています。

　画面下に表示されるボタンを「**クイックアクション**」と呼び、タブレットモードや機内モードなどのオン・オフ、ネットワーク設定の切り替えなどが可能です。

　設定項目は複数あり、ボタンの表示・非表示は[設定]画面の[システム]で行います。画面左の[通知とアクション]を選び、画面右に表示される[クイックアクションの追加または削除]をクリックすると設定できる項目が表示されますので、オン・オフを切り替えま

しょう。モバイル環境で役立つ項目が多いので、タブレットPCでは便利です。

　なおアクションセンターのデザインは、Fall Creators Update（1709）で『**Fluent Design**』と呼ばれるデザインが採用されており、背景がうっすら透過するようになっています。

●画面右端に表示されるアクションセンター

クイックアクション

ここをクリックすると表示できる

●クイックアクションに追加できる12項目

Column｜Windows7と10では、アクションセンターの役目が違う

　Windows7にも「アクションセンター」がありましたが、10とは内容が異なり、セキュリティやメンテナンスに関するものを自動的に調べてメッセージを表示する、というものでした。10では7のアクションセンターと同じものが、コントロールパネルの「セキュリティとメンテナンス」にあります。

　ユーザーにメッセージを届けるという役目は共通しているとはいえ、同じ名称が使われると、ちょっと混乱してしまいますよね。

PART 3

わかっているようで実はわかってないかも？ファイルにまつわる、あんなこと・こんなこと

パソコンとはズバリ「ファイルを操作する」機械です。パソコンの中にはファイルがぎっしり詰まっていて、あなたも日々ファイルを操作しながらファイルを作り続けているのです。え？ なんのことかわからない？ そんな人に必見のお話です。

045 「ファイル」の正体って、一体なんだ？

パソコンは「ファイルを操作する機械」とはいわれますが、そもそも「ファイル」とは何でしょうか？

ファイルはデータを綴じたもの

文房具でいうファイルは"書類綴じ"です。これを使えば、何枚もある書類がバラバラにならないように、定めた順番どおりにしっかりと綴じることができます。

パソコンで使うファイルも同じように、あるモノをしっかり綴じています。そのあるモノとは"データ"です。パソコンは「0」か「1」かのデジタルな状態に置き換えることができる電気信号を扱う機械です。この「0（ない）」か「1（ある）」の信号がデータなのです。

パソコンはデータを猛スピードで読み取って瞬時に計算し、物事を判断します。その際に重要なのは"どういった順番で並んでいるか"です。「0」と「1」の順番が入れ替わったり、他のデータと混じりあうと、パソコンは判断がつきません。そうならないようにデータは1つのかたまりにされ、ハードディスクなどの記憶装置に書き込まれます。この"データのかたまり"が「ファイル」と呼ばれるのです。

実はパソコンは、ファイルに収まっているデータしか読むことができません。これはパソコンに限らず、同じ仕組みを持つスマホやタブレットも同様です。これは「0」と「1」の数字の羅列であるデータを扱う機器において、絶対ルールであることは覚えておきましょう。

私たちが"データをファイルに収めていなかった"というルール違反をしてしまうと一大事になることは、のちほどじっくりお話します（91ページ参照）。

データの最小単位は「ビット」なのだ！

ファイルのサイズを表すとき、さまざまな単位が出てきます。たとえば、DVDメディアの容量は4.7GB（ギガバイト）、ハードディスクの容量が3TB（テラバイト）という具合です。この単位について、基本から見ていきましょう。

「0」か「1」の電気信号であるデータの一桁を「ビット(bit)」という単位で表します。これがデータの最小単位です。1ビットが8個集まると「バイト(Byte)」という単位になり、通常はビットを小文字の「b」、バイトを大文字の「B」で表します。

なぜ「8ビットを1バイト」と定めたのでしょうか？1ビットでは「0」か「1」かの2個のデータが区別でき、それが8ビットあれば256個（2の8乗）のデータを区別できるためです。256個といえば、1バイト文字に相当するASCIIコード（アルファベット、数字、記号など）を割り当てることができます（74ページ参照）。つまりパソコンでは8ビットを1単位にすると何かと都合がよかったのです。さらにそれをひとまとめにして、1バイトとすることで数えやすくなっています。

なお半角英数字は1文字が1バイト、ひらがなや漢字などの日本語は2バイトです。

余談ですが、基本単位であるビットの「bit」には、「わずか、少量」という意味があります。そしてバイトの「Byte」の語源説は"ビットが8つ"の「Binary digit eight」からとったとか、"2進数の表"の「Binary table」からだとか、"ひとかじり"の「Bite」の言葉をもじって付けたなど諸説がいっぱい！ 一体どれが正しいのかはハッキリわかりません。

容量の単位は「1024」で繰り上がる

ファイルの基本単位は「8ビットで1バイト」ですが、2の10乗である1024バイトになると1キロバイト(1KB)となります。

この数字はちょっと半端なので「約1000バイトが1キロバイト」だとする商品カタログやパソコン解説書があります。これも間違いではないでしょうが、ここではコンピューターの事情に合わせて「1024バイトが1キロバイト」で話を進めます。

2の20乗である1024キロバイトになると1メガバイト(1MB)、2の30乗である1024メガバイトに

なると1ギガバイト（1GB）という具合に、<mark>1024で単位が1つ繰り上がる</mark>ことになります。

　ファイルの容量の単位は、右の表のとおりです。このなかには、聞いたこともない単位もあるでしょう。

　デジタル業界は日進月歩の世界のため、扱えるファイルの容量は、どんどんアップしてきています。最近では動画ファイルならGB、ハードディスクはTB単位のものが普通です。そろそろPB（ペタバイト）単位の記憶装置を目にするようになるかもしれません。

　そんな時代に備えて、表にある単位の存在は認識しておきましょう。

●ファイル容量の単位

1b（ビット）		
1B（バイト）	= 8b	
1KB（キロバイト）	= 2の10乗バイト	= 1024B
1MB（メガバイト）	= 2の20乗バイト	= 1024KB
1GB（ギガバイト）	= 2の30乗バイト	= 1024MB
1TB（テラバイト）	= 2の40乗バイト	= 1024GB
1PB（ペタバイト）	= 2の50乗バイト	= 1024TB
1EB（エクサバイト）	= 2の60乗バイト	= 1024PB
1ZB（ゼタバイト）	= 2の70乗バイト	= 1024EB
1YB（ヨタバイト）	= 2の80乗バイト	= 1024ZB

Column 人間の脳の容量は「1PB（ペタバイト）」という説

　最近、**AI（人工知能）**についてのニュースをよく目にします。将来的にAIが人間の能力を超えてきて……という未来像が大いに語られる中、では人間の脳には、どれくらいの記憶容量があるのでしょうか。

　この疑問に対する答えとして、アメリカのテリー・セチノウスキー教授が脳神経細胞の結合部であるシナプスのサイズを測ることで記憶容量を測定し<mark>「脳全体の情報の記憶は約1PB（ペタバイト）が可能」</mark>という論文を発表しています。

　1PBは1,125,899,906,842,624バイトですので、約1000兆バイトとなります。私はこの数字を見て「人間はスゴイ！」と思う反面、人間の限界値が見えているのか……と、複雑な心境なりました。

　人間の記憶の限界に関する学説は他にもあり、この数値が正しいと決まったわけではありません。脳にはハードディスクのような容量があるのではなく、外部から入る情報の速度が脳が処理できる速度を上回ると、それが記憶の限界と関連してくるのではないか、という分析もあります。となると「人間は訓練をすることで、記憶容量っていくらでも引き上げることが可能」ということができ、「限界はないのだ！」となります。

　う～ん、人間の脳については、まだまだ謎が多く、限界値は明確ではないようです（そのほうがロマンがありますよね）。いずれにしても私は「PB」という単位が、自分の脳の限界値を示すモノではないことを祈っています。

046　ファイルはどうやってできあがるのか？

　パソコンに保存されるファイルには大きく分けて「プログラムファイル」と「データファイル」の2種類があります。それぞれが役割を持っており、どちらが欠けても、私たちがファイルを操作することができません。

● 『ワードパッド』の
プログラムファイル

wordpad.exe

● 『ワードパッド』の
データファイル

ドキュメント.rtf

静かな存在だけのデータファイルと活動的なプログラムファイル

　たとえば私のパソコン（厳密にいえばハードディスクの中）には、あるテキストファイルが保存されています。このテキストファイルには、重大な秘密のメッセージが書かれています。このファイルはパソコンが壊れるまで存在するだけで、誰も秘密を知ることはできません。おわり。

　「え？　なんだよ、それは？」と思うでしょうが、データを収めただけのデータファイルは単独では何もできないのです。保存されたディスクの中でじっとしているだけです。

　ファイルとなったデータは、開かなければ、中を見ることも書き換えることもできません。そこでデータファイルを開いてやるファイルが必要となります。それがプログラムファイルです。

　プログラムファイルには、さまざまな命令を実行するデータが収められていて、ユーザーの指示に従ってデータファイルを開くという役目を持っています。ただしデータファイルがなければ活躍しません。

　つまり、データファイルとプログラムファイルは2つ揃ってはじめて力を発揮できるわけです。どちらもハードディスクの中にありますが、静かに存在するデータファイルと活動的なプログラムファイルは、性格が異なり役目も違います。そのため、私たちユーザーが両者を間違わないように、図のようにアイコンの絵柄はまったく同じではありません。

パソコンの中で
2つのファイルはどう動くのか

　パソコンを構成している三種の神器であるCPU、メモリ、ハードディスク。これらの連携を説明するために、パソコンを作業場に見立てて説明しました（10ページ参照）。CPUは作業員でメモリは机、ハードディスクは引出しです。この中でのファイルの動きを説明しましょう。

　あなたが、あるデータファイルをダブルクリックしました。すると引出しの中にあったプログラムファイルがデータファイルの手を引いて、机の上に出てきます。机の上に置かれたデータは作業員がテキパキ処理

をしていきます。もしプログラムファイルが引出しの中になければ、そのデータファイルは案内役がいませんので、机の上に出てくることはできません。そうなるとWindowsが「このファイルを開く方法を選んでください」というダイアログを表示します。これにより、ダブルクリックされたファイルにはパートナーであるプログラムファイルが存在しないことがわかるのです。

具体的にいえば、Wordでつくられたワープロ文書のファイルを友人からもらっても、自分のパソコンにWordがインストールされていなければ、そのファイルは開くことができません。データファイルはどんな環境のパソコンであっても存在することは可能ですが、開くためには「関連付けられた（96ページ参照）プログラムファイル」、つまり適切なアプリケーションソフトがなければ役目を果たせない、というわけです。

データをファイルに変身させる魔法とは

メモリという机で作業されるとき、データはファイルに綴じられてはいません。綴じてしまうとデータの内容、つまり「0」と「1」の並びを替えることができませんので、ファイルの状態ではないのです。

メモリは電源を切ると、そこに記憶していた内容をきれいサッパリ忘れてしまうという特性があります。いくら画面上ではファイルが完成しているように見えていても、データのままでは幻と同じなのです。

そこでデータを綴じるために「保存」という魔法を使います。この魔法は実に簡単です。アプリケーションソフトの［ファイル］メニューにある［（上書き、または名前を付けて）保存］を選択するか、Ctrl＋Sキーを押すだけで実行され、データはファイルに変身してハードディスクに書き込まれます。ハードディスクはメモリと違って電源が切れてもずっと記憶を保ちますので、ファイルが消えることは、まずありません。

ファイルに変身させるための条件

データをファイルに変身させる最初の魔法を使うときに絶対にやらなくていけないことは、次の3つです。

- 保存する場所を決める
- ファイルの名前を付け
- ファイルの種類（形式）を決める

パソコンは親切ですから、保存を実行するときに開く［名前を付けて保存］ダイアログで「この設定で、いかが？」という項目をあらかじめ入れておいてくれます。

●どんなファイルでも初回の保存時には
　［名前を付けて保存］ダイアログが開く

その状態のまま保存してもかまわないのですが、これはお勧めしません。なぜならファイルにとって名前、保存場所、そして形式は自分の戸籍のようなものです。これを人任せ……いや、パソコン任せにしてしまうと、あなた自身がファイルを見失う可能性が大！

ファイルにとって、この3つがなぜ大切か、また、どのように管理するとパソコンライフが快適になるかは、次項からじっくりお話ししていきます

Column 『メモ帳』のファイル名は、必ず自分でつけるもの

テキストエディタの『メモ帳』で新規ファイルを作成すると、ファイル名は「*.txt」となっており、このまま保存はできません。これは「*（アスタリスク）」がファイル名に使えない記号（93ページ参照）だからです。

なぜ、使えない記号をわざわざ入れているのか？と思うところですよね。この記号は任意の文字列を表すワイルドカードとして使われますので「*の部分に何か文字を入れてね」という意味なのでしょう。

047 ファイル名は何文字まで付けることができるのか？

さあ、ファイルに名前を付けましょう！ここで、質問です。あなたが付けた一番長いファイル名は何文字でしたか？

ファイル名は最大何文字まで？

ファイル名は文字どおりファイルの"名前"です。ファイル名を見ただけで、どういう内容のファイルであるかを判断できることが望ましいもの。単に「文書001」というよりも「企画書」というほうがわかりやすいですし、もっと具体的に「2017年10月10日に技術評論社に提出したパソコン解説書の企画書」とあれば、内容までバッチリですよね（といいながら、こんなに長いものはお勧めしません。詳しくはのちほど）。

ファイル名は日本語（漢字、ひらがな、カタカナ）の場合、127文字が上限です。1バイト文字の半角英数字なら255文字まで付けることができます。

とはいえ、日本語で120文字を超える名前のファイルを作り、それを別の場所に移動しようとすると「指定されたファイル名は無効であるか、長すぎます。別の名前を指定してください」というエラーメッセージが出ます。

実はWindowsには「ファイル名とフォルダー名の合計文字数が半角で255文字を超えてはならない」というルールがあります。そのため上限数いっぱいの文字数を使ってしまうと、たとえファイルが作成できても何かと不都合が生じるのです。

実際ファイル名があまりにも長く、判読するのに時間が掛かる（ファイル名を読み込まなくては内容を把握できない）ようでは、賢いやり方とはいえません。ファイルを効率よく判断するために、ファイル名を簡略化するのは、ある程度必要でしょう。

ファイル名の文字数は、何文字が適当か？

では、ファイル名の理想的な長さとは、どれくらいでしょうか？

そのファイルを自分しか使わないのであれば、使用しているパソコンの設定に合わせればよいでしょう。

エクスプローラーを開いたとき、ファイルやフォルダーをどのように表示するかは、[表示]タブの[レイアウト]で好みの表示方法を選ぶことができます。アイコン表示は4段階あり、ファイル名はアイコンの下部に付きます。アイコンの大きさによって表示できるファイル名の文字数は異なります。また[一覧][詳細]ではアイコンの右側にファイル名が表示され、これも表示方法によって違いがあります。

どの設定を選択しても共通するのは、表示可能な文字数をオーバーして、全部が表示しきれないファイル名は、最後が「…」と省略されることです。

たとえば私は「中アイコン」で表示するようにしています。この設定で前述の「2017年10月10日に技術評論社に提出したパソコン解説書の企画書」というファイル名を付けると、下図のように省略されます。これではエクスプローラーを開いたとき、何のファイルであるか、すぐに判断できません。この表示方法を使うなら、たとえば「技評へのPC解説本企画書」という具合に、省略されない程度の長さに変えておくほうがいいでしょう。

●ファイル名が省略されると内容が判断できない　●省略されない程度のファイル名が望ましい

省略されても、こうすれば大丈夫！

インターネットが普及したことにより、ファイルは自分のパソコンでのみ使うのではなく、他の人と共有する機会が多くなっています。そのため"自分の設定ではどうしても省略されてしまう"名前を持つファイ

ルを扱う機会が増えいます。

　エクスプローラーで表示するときは、[一覧]にすると84文字程度は表示されます。

　また、省略されているファイル名を確認したいときは、アイコンにマウスカーソルを近づけると、すべてのファイル名などをバルーンで表示してくれます。

　少々手間が掛かりますが、長いファイル名だからといって短く変更しなくても、何とかなるモノではあるのです。

● [一覧] 表示なら、長いファイル名もある程度は対応可能

● マウスカーソルを近づければ、バルーン表示で確認できる

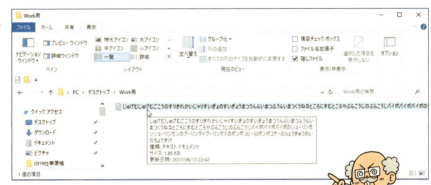

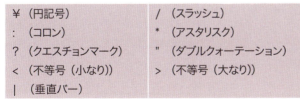

ファイル名は長くても表示可能じゃ！

Column　使ってはいけない文字がある

　ファイル名には、下記の文字は使用できません。これらはシステムが先に使っている文字です。たとえば「¥」は階層を示す記号ですが、これをファイル名に使ってしまうと、「¥」が階層を指しているのかファイルを指しているのか、Windowsが判断できません。Windowsが迷うとパソコンは止まってしまいます。

　そのようなことにならないように、システムと重複する記号を使おうとするとエラーメッセージが表示され、使用を阻止してきますので、スッパリあきらめてくださいね。

● ファイル名に使えない文字（すべて半角）

¥ （円記号）	/ （スラッシュ）
: （コロン）	* （アスタリスク）
? （クエスチョンマーク）	" （ダブルクォーテーション）
< （不等号（小なり））	> （不等号（大なり））
| （垂直バー）	

● 使おうとするとエラーメッセージが表示される

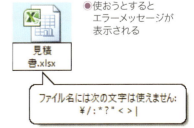

PART 3　わかっているようで実はわかってないかも？ファイルにまつわる、あんなこと・こんなこと

048 ファイルの「形式」ってなに？

ファイルを保存するとき、[名前を付けて保存]ダイアログに[ファイルの種類]とあります。この"種類"とは何を指すのでしょうか？

ファイルの種類は「ファイル形式」で区別する

ファイルの種類とは、そのファイルがどういった形式であるかを示すものです。ではファイルの「形式」とは、何でしょう？

データは「0」か「1」の電気信号ですので、これには形式はありません。データをファイルにするとき、その電気信号を"どのように解釈するか"の方法を定めます。これがファイルの形式を決定することです。

アナログの世界では、音楽と写真はまったく異質なモノですが、これをデジタルの世界に取り込むと、すべて電気信号に置き換えられます。この単なる数字の羅列を収めたファイルをアプリケーションソフトが解釈することで音楽を再生させたり、写真を画面上に表示させたりします。

アプリケーションソフトでは、自分が解釈できるファイルの種類が決まっています。解釈できないファイルは開くことはできません。このような判断が、どんなアプリケーションソフトでもできるように、データがファイルに変身するときに形式を定めておく必要があるわけです。

ファイルの用途にあわせて形式を決めよう

ファイル形式は、そのデータをつくったアプリケーションソフトで定めることができます。たとえばお絵かきソフトの『ペイント』は、ファイルにするときに指定できる形式として、BMPやJPEG、GIFなどがあります。私たちはこの中から自由に選ぶことができますが、各形式ごとに特性が違う点を認識し、それを踏まえて選択する必要があります。

具体的に説明しましょう。BMP形式はWindowsの標準画像形式で、Windowsパソコンならばどれでも開くことができます。ただしファイルの容量が大きいので、電子メールに添付して送ることには向きません。それに比べてJPEG形式は容量が小さいので、気軽に電子メールに添付することができますが、元画像と比べると画質がよくないという欠点があります。その画像を高品質で保存したいならBMP形式を、少しでも容量を小さくしたいならJPEG形式を選ぶことになります。

●『ペイント』の[ファイルの種類]ポップアップメニューを開くと、複数のファイル形式をサポートしていることがわかる

このように、作成したファイルを今後どう活用するかによって、どのファイル形式が適切であるかを判断しなくてはなりません。ただし[名前を付けて保存]ダイアログでは、そのアプリケーションソフトが一押しのファイル形式を自動選択していますので、特にユーザーがファイルの種類を意識しなくても保存はできます。

通常「このファイルはペイントでつくったから、ペイントで開こう」という感じでファイルを操作している人が多いでしょう。スマホやタブレットなら、その考えで間違いないですし、それも悪くはありません。

しかしファイルを別のアプリケーションソフトで開いたり、第三者と共有するときには、ファイルの形式に関する知識が必要になります。パソコンユーザーとして、この点はマスターしておきましょう。

そのためには、まずファイル名に付く「拡張子」の存在を知っておかねばなりません。次項では、拡張子のお話をします。

049 ファイルの正式な名前を知ろう

あなたが見ているファイルの名前は、実は正式なものではありません。Windowsがワザと見せていない部分があります。それが「拡張子」と呼ばれるものです。

隠されている拡張子を表示させよう

正式なファイル名とは、自分で付けたファイルの名前の後ろに「.（ドット）」、そして3文字の英数字である拡張子が付いたものです。

拡張子はまれに2文字や4文字のものがありますが、大半は3文字の半角英数字となっています。

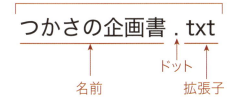

といっても「拡張子なんて、どこにもない」という人が大半でしょう。Windowsでは「拡張子は表示しない」と初期設定されているので、知らない人がいても当然です。拡張子を表示させる方法は2つあります。

まずエクスプローラーを開いて、[表示]タブをクリックし、「ファイル名拡張子」にチェックマークを入れましょう。

●「ファイル名拡張子」にチェックマークを入れる

もうひとつの方法は、コントロールパネルをアイコン表示にして、[エクスプローラーのオプション]をクリックします。ダイアログの[表示]タブを開いて[詳細設定]にある「登録されている拡張子は表示しない」のチェックマークを外してください。すると、すべてのファイルに拡張子が表示されます。

●「登録されている拡張子は表示しない」を無効にする

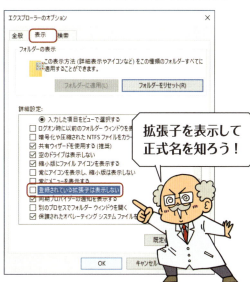

ファイル名は正式名称で判断されている

拡張子の存在を知ったら、次にファイルの形式（種類）に注目してください。

たとえば、ファイルの名前を付けるとき、同一フォルダー内には同じ名前を持つファイルを入れておくことはできません。しかしファイルの種類が異なると、それは可能です。なぜなら拡張子が異なるからです。

テキストファイルに「つかさのデータ」と名前を付けたら、正式名称は「つかさのデータ.txt」です。このファイルが入っているフォルダーに、さらに「つかさのデータ.txt」というファイルをコピーしたり移動しようとすると[ファイルの置換またはスキップ]ダイアログが表示されます。しかしデジカメで撮影した画像ファイルに「つかさのデータ」と名付けた場合、そのファイルの正式名称は「つかさのデータ.jpg」となり、「つかさのデータ.txt」ファイルと同じフォルダー内に存在することができます。拡張子が異なればファイルの種類も異なり、アイコンの絵柄も異なります。

拡張子を表示していないと、「なぜ名前が同じファイルが同一フォルダーの中にあるの？」と不思議になってしまいますよね。Windowsは初期設定で拡張子を隠していても、自分はしっかり拡張子込みの名前でファイルを判断している、というわけです。

●一見、同じファイル名に見えても拡張子が異なるので、これらのファイル名はすべて異なる

050 ファイルの種類って、いつ誰が決めているのか？

ファイル名には必ず拡張子が付いていますが、「いつ、誰が付けたのかな？」と不思議に思いませんか？ 拡張子を付けた当事者、そして拡張子を管理しているのは誰かをお話ししましょう。

拡張子は誰にとっても重要なのだ

拡張子を付けているのは、アプリケーションソフトです。ファイルの種類を選んで「名前を付けて保存」を実行したときに、拡張子は付けられています。

拡張子はアプリケーションソフトだけでなく、Windowsにとっても重要な存在です。たとえば拡張子「docx」のファイルがダブルクリックされると、Windowsが拡張子を見て「このファイルはWordで開いてもらわなくてはいけない」と判断し、Wordのプログラムファイルに「出番だ！ 起動してこのファイルを開くのだ」と命じるのです。

なぜWindowsは、拡張子から適切なアプリケーションソフトを選択できるのでしょうか？ それはアプリケーションソフトの情報を拡張子ごとに「ファイルタイプ」で管理しているからです。

パソコンにアプリケーションソフトをインストールするとき、ファイルとアプリケーションソフトは関連付けられます（ソフトによっては、関連付けをしてもよいかを事前に確認するタイプもあります）。このときのルールは"1つの拡張子に関連付けられるアプリケーションソフトは1つ限り"です。たとえばテキスト形式の拡張子「txt」は、Windowsの初期設定で『メモ帳』に関連付けられています。テキストファイルは、Wordなどでも開くことが可能ですが、もし1つの拡張子に複数のアプリケーションソフトが関連付けられてしまうと、そのファイルがダブルクリックされたときWindowsはどのアプリケーションソフトに起動のメッセージを送ればよいのか判断できません。そのような事態にならないように、拡張子とアプリケーションソフトは「1対1」の関係になっているのです。

アプリケーションの関連付けの確認と手動で変更する方法

自分のパソコンで、どの拡張子がどういったアプリケーションソフトに関連付けされているかは、次の手順で確認、変更することができます。

1. [スタート]メニューにある[設定]ボタンをクリックして、[アプリ]を選択します。
2. 画面左の[既定のアプリ]を選択し、画面右の下部にある[ファイルの種類ごとに既定のアプリを選ぶ]をクリックします。

●[ファイルの種類ごとに既定のアプリを選ぶ]をクリック

❸画面左に拡張子、右にアプリケーションが並びます。

●拡張子とアプリケーションソフトの関連付けを確認

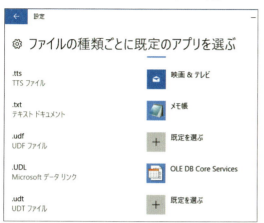

❹関連付けを変更したい場合は、アプリケーションソフト名をクリックすると、［アプリを選ぶ］画面が表示され、変更可能なアプリが表示されます。関連付けたいアプリ名をクリックすると変更されます。

●他のアプリケーションソフトを選択して、関連付けを変更する

関連付けは変えられるのじゃ

拡張子のないファイルはどうする?

では拡張子がなかったら、どうなるでしょう? 拡張子がないファイルは、白地にウィンドウの絵柄の付いたアイコンで表示されます。これを「正体不明ファイル」と呼びます。このファイルは種類がわかりませんので、Windowsはどのアプリケーションソフトにも起動の指令を出せません。そこで適切なアプリケーションソフトをユーザー自身が選択するようダイアログが開きます。あなたがこのファイルの正体を知っていれば、対応できるものを選択すれば、無事ファイルは開きます。

●拡張子がないファイル

●ダブルクリックすると対応できるアプリケーションソフトを選択するダイアログが開く

　Windowsが初期設定で拡張子を表示しない設定になっているのは、知識の乏しいユーザーが安易に拡張子を削除してしまい、ファイルが開けなくなるトラブルを避けるためなのです。拡張子を表示させるように設定(95ページ参照)した環境で、ファイル名を変更してみてください。ファイルの名前の部分のみが反転して、ドット(.)と拡張子は選択されません。無理に拡張子まで変更しようとすると「拡張子を変更すると、ファイルが使えなくなる可能性があります」という警告メッセージが表示されます。それだけ拡張子の変更は"Windowsがイヤがる"わけです。

　今やあらゆるファイルを第三者とやり取りする時代です。拡張子の知識がなければ、Windowsだけでなく私たちもファイルの正体を判断するのが難しくなります。常にファイル名に拡張子を表示させるようにして、日頃からなじんでおくことをお勧めします。

051 使いたいアプリケーションソフトでファイルを開きたいときは、どうすればよいのか?

拡張子とアプリの関連性がわかっても、「なんだか難しい」と感じている人はいませんか? 今度はファイルから関連付けを見てみましょう。

このファイルは、あのアプリで開きたい!

たとえばデジカメ画像をパソコンに取り込んで開くとき、すでに「.jpg」(デジカメ画像の拡張子)に関連付けられているアプリは『フォト』となっているけど、今回は『ペイント 3D』で開きたいというときは、意外と簡単です。

開きたいファイルを右クリックして、[プログラムから開く]にある「ペイント 3D」を選ぶだけです。拡張子とアプリの関連付けを変更することなく、希望のアプリでファイルを開くことができます。

●使いたいアプリを選択する

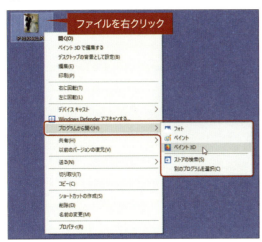

表示されたアプリ以外のもので開きたいのなら、メニューにある[別のプログラムを選択]を選択して[その他アプリ]をクリックします。メニューに表示されなかったアプリが出てきますので、ここから選択することも可能です。

なお、希望のアプリが存在しない場合は[ストアでアプリを探す]をクリックして、該当のファイル形式に対応するアプリをインターネット上から入手することも可能です。

ファイルの関連付けを手動で変更したい

ファイルごとに開くアプリケーションソフトを切り替えず、「この形式のファイルは、常にこのアプリケーションソフトで開きたい」という希望があるなら、次の手順でファイルの関連付けを手動で変更しましょう。

1 開きたいファイルを右クリックして、[プログラムから開く]にある[別のプログラムを選択]を選びます。

●「別のプログラムを選択」を選択

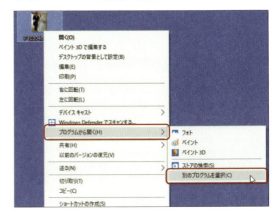

2 [このファイルを開く方法を選んでください]画面が開きますので、[常にこのアプリを使って.○○(拡張子)ファイルを開く]にチェックマークを入れて関連付けたいアプリケーションソフトをクリックして[OK]ボタンを押します。

●[常にこのアプリを使って.○○(拡張子)ファイルを開く]を有効にする

❸選択したアプリケーションソフトでファイルが開きます。

愛用のアプリケーションソフトを最優先させたいなら

　Windows10では、アプリケーションソフトの関連付けは事前に設定されています。拡張子の知識などがなくても、すべてWindowsに任せておけばよいので、ユーザーにとっては楽なはず……。とはいえ自分の希望と異なる設定だと、前述のように関連付けの変更が必要です。

　それが手間だなと感じるときは、あらかじめ自分流の設定に変更しましょう。手順は次のとおりです。

❶[スタート]メニューにある[設定]ボタンをクリックして、[アプリ]を選択します。

❷画面左の[既定のアプリ]を選択し、画面右の下の[アプリによって規定値を設定する]をクリックします。

❸画面左に一覧表示されたアプリケーションソフトの中から任意のものをクリックすると表示される[管理]ボタンを押します。

●[管理]ボタンを押す

❹そのアプリケーションソフトが対応できるファイルの種類と関連付けられたアプリケーションソフトが1対1で表示されます。関連付けを変更したいアプリケーションソフトのアイコンをクリックします。

●ここではテキストファイル（txt）が『メモ帳』に関連付けられている

❺[アプリを選ぶ]画面が開くので、関連付けたいアプリケーションソフトをクリックします。

●関連付けたい拡張子を個別に選択できる

❻ファイルの種類の横にある関連付けられたアプリケーションソフトのアイコンが切り替わったことを確認できたら完了です。

僕はテキストファイル（拡張子はtxt）はWordで開くように関連付けを変えているよ

Column｜iPhoneのユニバーサルリンク機能って知ってる？

　TwitterやFacebookなどのアプリもあれば、ブラウザーソフトでも利用できるサービスがあります。iPhoneでブラウザーアプリの『Safari』を使ってニュース記事などを見ている中で、リンク先をタップすると自動的に該当のアプリが起動します。ちょっとびっくりしますよね。

　これはiOS9から登場した「**ユニバーサルリンク**」という機能です。使っているiPhoneにアプリがインストールされていれば、問答無用でアプリが起動します。どーしても自分でアプリかSafariかを指定したい場合は、現時点では有料アプリを導入する必要があります。パソコンのファイルの関連付けのように「ユーザーが選択できないのはどうだろう？」と思うところではありますよね。

052 ファイルの中身をサクッと確認できる方法があるって、ホント?

通常、ファイルの内容は開いて確認しますが、数が多くなるとけっこう手間が掛かります。事前に本当に必要なファイルであるかをサクッと確認したいときは、エクスプローラーのプレビュー機能を活用しましょう。

プレビュー機能は、超便利!

たとえばデジカメで撮影した画像ファイルが大量にあるとき、どれが必要であるか1枚ずつファイルを開いて確認するのは大変な作業です。そんな場合は、エクスプローラーのプレビュー機能を活用しましょう。

リボンの[表示]タブを開き、[レイアウト]にあるアイコン表示を「特大アイコン」にすると、画像ファイルの場合はサムネイル表示となります。どんな画像かがファイルを開くことなく確認できて便利です。

●画像ファイルなら「特大アイコン」でサムネイル表示となる

エクスプローラーの表示機能には、もうひとつ便利なものがあります。リボンの[表示]タブを開き、[プレビューウィンドウ]をクリックしましょう。ウィンドウが3分割されます。真ん中の画面で選択したファイルの内容が右側に表示されます。

JPGやBMP形式の画像はもちろん、テキストファイルや『Adobe Acrobat』『Microsoft Office』(ただしアプリケーションソフトがインストールされている必要あり)のファイルもプレビューされます。

なお、ウィンドウ画面の右に表示されるのは、あくまでも"プレビュー"です。たとえばテキストを編集するなどはできません。

●画像ファイルのプレビュー表示

●テキストファイルのプレビュー表示

ファイルの素性を知りたいのなら、これ!

ファイルの内容だけでなく、たとえば容量や作成日、更新日などの詳細、デジカメ画像なら撮影日や撮影時の条件などを知りたいときがあるでしょう。

その場合は、リボンの[表示]タブを開き、[詳細ウィンドウ]をクリックしましょう。右側のウィンドウに選択したファイルの詳細が表示されます。

●画像ファイルの詳細を表示

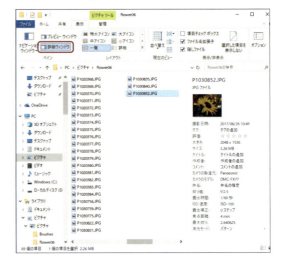

すべてのフォルダーで表示させたい

プレビューウィンドウや詳細ウィンドウをどのフォルダーでも利用したい場合は、次の手順で設定しましょう。

1. エクスプローラーを開き、リボンに表示される[プレビューウィンドウ]もしくは[詳細ウィンドウ]をクリックした状態で[オプション]ボタンを押します。
2. [フォルダーオプション]ダイアログの[表示]タブを開き、[フォルダーに適用]ボタンを押します。
3. 確認メッセージが表示されますので、[はい]ボタンを押します。

●[フォルダーに適用]ボタンを押す

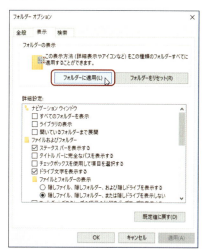

●確認メッセージの[はい]ボタンを押す

053 「バイナリファイル」の正体を明かせ！

ファイルの正体は「0」と「1」のデータです。これを2進法（バイナリ）で処理することから、すべてのファイルを「**バイナリファイル**」と呼びます。ただし、そのなかに1つだけ例外があります。それが「**テキストファイル**」です。

テキストファイルとバイナリファイルの違いは？

通常バイナリファイルといえば、画像や音楽などのファイルを指します。そして テキストファイルとは、文字だけのデータファイルで拡張子は「txt」です。

テキストファイルも「0」と「1」のデータですから、処理は二進法で行われます。厳密にいえばバイナリファイルの一種なのですが、あえて扱いは別になっています。

バイナリファイルとテキストファイルの違いを簡単に説明すると "バイナリファイルはコンピューターが読むモノ、テキストファイルは人間が読むモノ" です。試しに画像ファイルを『メモ帳』などのテキストエディタで開いてみてください。意味不明の文字列がズラズラ～と表示されます。これはコンピューターを動作させるための制御コードやアプリケーションソフトが必要な情報です。この中の1文字でも変更してしまうと、このファイルは正しく開かなくなる可能性がありますので、安易に変更してはいけません。

テキストファイルはテキストエディタだけでなく、ワープロソフト、表計算ソフト、ブラウザーソフトなど テキストを扱うアプリケーションソフトなら何でも開くことができます。これは「どんなアプリケーションソフトでも、文字を読み書きする場合は同じ解釈をする」という規格に沿っているためです。この規格を「**テキスト形式**」といいます。

テキスト形式のもう一つの利点は、<mark>OSの違いを問題にしないこと</mark>です。テキストファイルはWindowsに限らず、macOS、MS-DOS、UNIXなど異なるOS上でも正しく開くことができます。

● テキストファイルは人間が読むモノ

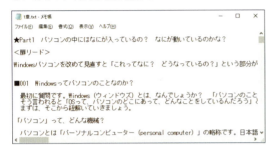

● バイナリファイルはコンピューターが一読むモノ

冒頭にファイルの正体を示す文字列があることも

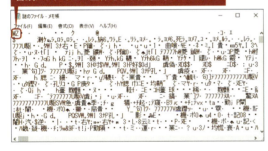

バイナリファイルの正体を知りたいとき

電子メールで送られてきたなど、入手したファイルの正体がわからないとき、テキストエディタを使って内容を確認できることがあります。

やり方は簡単！『メモ帳』や『ワードパット』を起動して、正体不明ファイルをドラック＆ドロップします。テキストファイルなら私たちが読める文章が表示されますが、バイナリファイルなら判読不明な文字列が並びます。そのなかに<mark>ファイルの種類を判断できるヒントになる文字列が入っている場合</mark>があります。

たとえば、先頭に「MZ」とあれば実行ファイル、「RK」は圧縮ファイルです。ウイルスによくある形式のファイルですので、出所がわからないのなら即削除するべきです。

こういったファイルを安易にダブルクリックすると実行されて、たちまちウイルスに感染してしまいます。この手法であやしいファイルの確認を行えば、被害を未然に防ぐことができるわけです。

なお、このほかにもヒントになる文字列（表参照）が、冒頭に限らず記載させていることがあります。すべてのバイナリファイルで使える方法ではありませんが、知っておくと役に立つかもしれません。

● ファイルの種類を判断できるヒントになる文字列

ファイル形式	ヒントになる文字
GIF 画像ファイル	GIF
JPEG 画像ファイル	JFIF
BMP 画像ファイル	BM
LHA 圧縮ファイル	lh
ZIP 圧縮ファイル	PK
ワード文書ファイル	Microsoft Word
エクセル文書	Microsoft Excel
実行ファイル	MZ

054 ファイルやフォルダーの「保存場所」って、どこでわかるのか？

「このファイル（もしくはフォルダー）は、"どこ"に保存されていますか？」と聞かれたら、どう答えますか？

一般的には「ハードディスク（もしくはSSD）の中」ですが、最近はインターネット上のストレージに保存するケースも多いものです。その"場所"の特定の仕方は知っておきましょう。

Windowsはファイルを階層構造で管理している

Windowsはファイルを**フォルダー**という入れ物に入れて管理しています。フォルダーの中にフォルダーがあり、その中にまたフォルダーがあって……と続いて、ようやく目的のファイルにたどり着きます。

この道筋はエクスプローラー（105ページ参照）の［アドレス］バーに表示されます。たとえばCドライブの中にある［ユーザー］というフォルダーの中の［tadano］というフォルダーの［ピクチャ］フォルダーの中の「家族の思い出写真」という名前のフォルダーの場所は、下図のように表示されます。

● ［アドレス］バーでは、階層ごとに区切って表示される

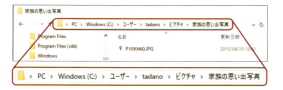

これは**フォルダーを階層ごとに区切って**　**でつない**で表示したもので、**左にいくほど上位**になります。エクスプローラーの左側に表示されるナビゲーションペインは階層を縦に表示していますが、それを横にしたものと考えてください。どちらもフォルダー名をクリックすると、そのフォルダーの内容がメイン画面に表示されます。

こういった表現の仕方は視覚的で、パソコン初心者にもわかりやすいものです。しかし文字で表現しよう

とすると、どうでしょう？「え〜っと、Cドライブの中のユーザーというフォルダーの中にある……」と説明するのは、とっても面倒です。こういったファイルやフォルダーの保存場所の道筋を表現するものとして、**パス**というものがあります。

実はWindowsはファイルの場所をパスで認識している

ファイルの場所を示すパス（Path）には、「小径、進路」という意味があり、パソコンでいうパスは"ファイルの所在地までの道"ということになります。

エクスプローラーの［アドレス］バーの先頭にあるアイコン（このアイコンも場所によって絵柄が異なります）をクリックしてください。下図のような文字列に変わります。

● ［アドレス］バーをパス表示に切り替えてみよう

階層表示とは違い、いろいろな記号が入っていますが、Windowsはこれでファイルやフォルダーの保存場所を認識しています。

ここで使われている記号を説明しましょう。まず、「:」はドライブの区切り、「¥」は「階層」を表します。ですからこのパスは"［C］ドライブの中にある［Users］フォルダーの中の［tadano］フォルダーの中の［Pictures］フォルダーにある［家族の思い出写真］フォルダー"の内容を表示していることを示しています。

ファイル名を"氏名"にたとえるなら、パスは"住所"です。郵便物を送るとき、表書きには「東京都新宿区△△町1丁目23-4　唯野司」と書きますよね。あれと同じです。もし同じ住所に同姓同名の人が複数いたら、

配達人は、送られてきた郵便物を誰に渡したらよいか判断できません。これと同じで、同じ場所に同じ名前のファイルが存在することはできないようになっています。

パスはいつ決められているの？

あなたがファイルを"保存"するという魔法を使ったとき、つまりハードディスクなどの記憶装置にファイルが書き込まれるときにパスは決まります。

ただし、これはユーザーが自分でつくったファイルでのお話です。この他にもパソコンにはたくさんのファイルが存在します。それはWindowsやアプリケーションソフトをインストールしたときに書き込まれるファイルです。

OSであるWindowsそしてアプリケーションソフトは、ほとんどが複数のファイルの集合体です。インストールしたときにさまざまなファイルが自分の指定席へと書き込まれ、このときパスが決定します。さらに「どこどこに、このファイルを書き込みました」という情報が「レジストリ」というファイルに記録されます。Windowsやアプリケーションソフトは、このレジストリ情報をたよりに自分たちが使うファイルを探しあて、順番に読み込んで動作しているのです。

パスを変更しては、いけないファイル

自分自身がつくったファイルと違い、Windowsやアプリケーションソフトのファイルは「指定席がある」「その指定席を記録した情報がある」という点があります。そのため絶対にファイルを移動（＝パスを変更）してはいけません。もしパスが変更されると、Windowsが必要なファイルを見つけることができず、「○○が見つかりませんでした」「必要な○○ファイルがありません」などのエラーメッセージを表示します。こうなると使いたいアプリケーションソフトが起動しないなどの困ったことになります。

パスは変更してよいものと悪いものがあります。変更してよいのは、自分がつくったデータファイルのみです。その他のファイルは安易にパスを変更、すなわち移動や削除をしてはいけません。

また当然ですが、パスを変更してはならないファイルは、ファイル名の変更も厳禁です。ファイル名を変えるということは、パスが変更されることと同じですので、これもエラーの原因となります。

055 実はよくわからない「エクスプローラー」というもの

ファイルやフォルダーを操作するとき、『エクスプローラー』を使うのが一般的です。では「エクスプローラーって何？」とあらためて聞かれると、あまりにも身近にありすぎて、的確な回答が思い浮かばないもの……。ここでエクスプローラーをあらためて見てみましょう。

パソコンの中身を見渡すアプリ

Windowsに標準搭載されているエクスプローラーは、ファイルやフォルダーを管理・操作するためのアプリケーションソフトです。

エクスプローラー（explorer）には「探検家」という意味があります。"自分が操作できる場所の内部を探っていくためのアプリ"というイメージです。ファイルやフォルダーの移動やコピー、削除、名前の変更などができるほか、ファイルを検索する機能もあります。

なお、エクスプローラーを開くには、次のような複数の方法があります。

- タスクバーにある [エクスプローラー] アイコン 📁 をクリックする
- [スタート] メニューにある [エクスプローラー] ボタン 📁 を押す。
- [Windows]（⊞）+ [E] キーを押す

エクスプローラーの構成をチェック

エクスプローラーを起動すると、画面が複数のエリアで構成されているのがわかります。それぞれ名称があるのですが、ご存知ですか？ ここでひととおり確認しておきましょう。

Windows10のエクスプローラーのスタイルは、画面上部に「**リボン**」と呼ばれるメニューがあります。これは「**タブ**」をクリックすると現れるもので、レイアウトの変更やプレビューウィンドウ（100ページ参照）に切り替えたいときなどに利用します。

●エクスプローラーの画面構成

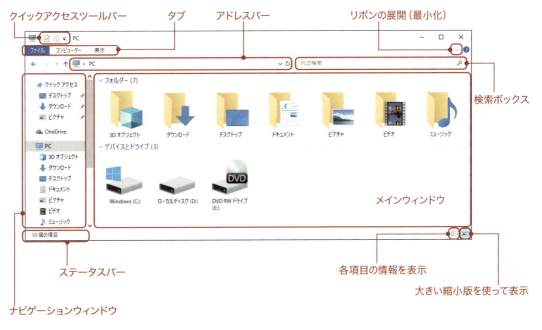

PART 3 わかっているようで実はわかってないかも？ ファイルにまつわる、あんなこと・こんなこと

「リボン」は必要に応じて表示させる

　メニューに付属しているリボンは、初期状態では表示されていません。各「タブ」をクリックするか、画面右上の ∨ [リボンの展開] ボタンを押すと表示されます。WordやExcelといったOffice系のアプリケーションソフトではおなじみのメニューですので、見慣れている人も多いでしょう。「タブ」でグループ分けされており、タブを切り替えることで必要な機能を使うことができます。なお、開いているフォルダーや選択しているファイルによって内容が異なります。

●「リボン」形式のメニュー

キモは「ナビゲーションウィンドウ」にある

　冒頭でエクスプローラーの役目は、私たちが操作できる場所の内部を探ることを目的としたアプリだと紹介しました。"操作ができる場所"とは、ファイルの保存ができるストレージのこと。これはパソコンの使用環境によって変わってきます。自分が使えるストレージがナビゲーションウィンドウに表示されますので、まずは確認してみましょう。

　もっとも基本となるのは、==パソコンの内部にあるハードディスクもしくはSSDという記憶装置==です。ここには、自分自身で作成したフォルダーやファイルだけでなく、Windowsのシステムファイルも保存されています。

　そしてユーザーごとに異なってくる部分ですが、USBメモリを挿しているとか、外付けハードディスクを接続していると、そこもエクスプローラーで管理ができます。

　さらにMicrosoftアカウントでログオンしている人は『OneDrive』というオンラインストレージ内も、エクスプローラーで自在に操ることができます。

　ナビゲーションウィンドウの内容を正しく把握できていれば、ファイルを見失うようなことは起きません。

056 「クイックアクセス」って、一体なんなんだ？

　エクスプローラーのナビゲーションウィンドウの上部に「**クイックアクセス**」という項目があります。これはどういったカラクリで表示されるのでしょうか。

その名のとおり、素早くアクセスするため

　クイックアクセスとは、==「最近使ったファイル」と「よく使うフォルダー」が自動的に表示される仮想フォルダー==で、保存場所を問わず、==ユーザーの利用頻度が高いものが表示==されます。

　自分一人で使用しているパソコンなら、よく使うファイルやフォルダーは決まっているものです。そういった傾向をくみ取って、ユーザーが効率よく必要なファイルにアクセスできるよう、エクスプローラーが配慮してくれている、というワケです。

　たとえば執筆業の私は、[ドキュメント]フォルダーの中に[仕事用]フォルダーを作成し、その中に「A社」「B社」「C社」と取引先別にフォルダーを設けて、そこに依頼された原稿のファイルを保存しています。A社の原稿の締め切りが迫っているときは、「A社」フォルダーにある資料のPDFファイルや執筆途中のテキストファイルを頻繁に使っていますので、常にクイック

アクセスのエリアに該当するものが表示されます。
　パソコンを再起動しても、わざわざファイルが保存されているフォルダーまでたどらずに、クイックアクセスから必要なファイルを素早く開くことができるので、超便利です。

クイックアクセスを自分でコントロール

　ユーザーの利用頻度に応じて、ファイルやフォルダーを表示するとはいえ、初期状態では［デスクトップ］［ダウンロード］［ドキュメント］［ピクチャ］が表示（ピン留め）されています。この内容が自分にとってベストでなければ、カスタマイズしましょう。

　不要なものは右クリックしてメニューにある［クイックアクセスからピン留めを外す］を選ぶと消えます。任意のフォルダーを追加したい場合は、フォルダーを右クリックして［クイックアクセスにピン留め］を選択すると表示されます。

● 任意のフォルダーをクイックアクセスに常に表示させることも可能

自分の使ったものを知られたくない

　パソコンを自分一人で使用している場合、クイックアクセスはたいへん重宝します。ファイルを開くだけでなく、保存場所がわからなくなったとき、検索（122ページ参照）せずともクイックアクセスに表示されているアイコンをダブルクリックすればOK。その状態で［名前を付けて保存］を選ぶと、保存していた場所がわかります（場所の確認ができたら、［キャンセル］ボタンを押しましょう）。

　とはいえ、職場や家庭でパソコンを複数のユーザーで共有している場合は、クイックアクセスで自分が頻繁に使っているファイルが他の人にわかってしまい、不都合に感じることもあるでしょう。クイックアクセスの履歴を消したいときは、次のように行います。

1. リボンの［表示］タブにある［オプション］ボタンを押します。
2. ［フォルダーオプション］ダイアログの［プライバシー］にある［消去］ボタンを押すと、エクスプローラーのこれまでの履歴が消えます。
3. また同じ画面にある［最近使ったファイルをクリックアクセスに表示する］［よく使うフォルダーをクリックアクセスに表示する］のチェックマークを外して［適用］ボタンを押すと、それぞれの自動的に履歴を残す機能が無効となります。

● ［プライバシー］でクイックアクセスの履歴を無効にする

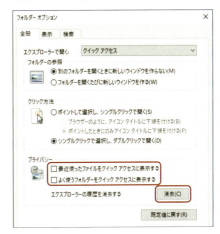

> **Column** 「クイックアクセス」という名称が付くツールバーとメニューの存在
>
> 　Windows10では「**クイックアクセス**」という名称を持つものが、他に2つあります。
>
> 　ひとつはエクスプローラーの上部にある「**クイックアクセスツールバー**」です。初期設定ではプロパティの表示と新規フォルダーの作成用のボタンが出ていますが、「▼」をクリックすると追加表示できる項目が表示されます。［元に戻す］［やり直し］［削除］を表示させておくこともできますし、［リボンの最小化］のチェックマークを外せば、常にリボン形式のメニューを表示させることが可能となります。必要に応じてカスタマイズするとよいでしょう。
>
> 　もうひとつは、［スタート］ボタンを右クリックもしくは ■(Windows) ＋ Ⅹ キーで表示される「**クイックアクセスメニュー**」です。［タスクマネージャー］や［ファイル名を指定して実行］など、よく使われる機能がメニュー表示されます。

057 エクスプローラーを「PC」で開きたい

エクスプローラーのナビゲーションウィンドウは、初期設定では「**クイックアクセス**」が上部にあります。この表示は、あなたにとってベストなものですか？

誰もがエクスプローラーの画面を通して、利用できる"場所"を見ているわけですが、パソコンの使用環境によって最適なスタイルは異なります。自分が今、どこのストレージにあるファイルを操作しているのかを把握しやすいように、エクスプローラーの起動時のロケーションを見直してみましょう。

「仮想フォルダーは無用」と思うなら

前項で紹介したクイックアクセスは仮想フォルダーです。あなたが直近に操作したフォルダーやファイルが表示されていますが、実体は別の場所にあります。

パソコン自体を指すものは、XPでは「マイコンピュータ」、Vistaや7では「コンピュータ」、8/8.1では「PC」と呼んでいました。いずれも"私のコンピューター"というアイテムから、付属しているドライブ内のフォルダーにアクセスが可能でした。

このやり方に慣れている人には、クイックアクセスは無用かもしれません。また7以降のライブラリ機能（112ページ参照）をあえて使わなかった人もいるでしょう。

そういった場合は、エクスプローラーを[PC]で開くようにロケーションを変更しましょう。

1. リボンの[表示]タブにある[オプション]ボタンを押します。
2. [フォルダーオプション]ダイアログにある[エクスプローラーを開く]にあるメニューを[PC]に切り替えて[OK]ボタンを押しましょう。

これでエクスプローラーを開いたとき、ナビゲーションウィンドウの[PC]が選択された状態になり、メインウィンドウにはユーザーフォルダーや使用できるドライブが表示されます。

●エクスプローラーを[PC]で開くように変更する

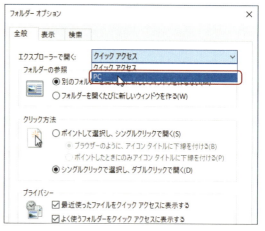

●クイックアクセスはではなく、[PC]が選択された状態で開くようになる

Column 「マイコンピュータはデスクトップになくてはならぬ」という人へ

古いバージョンからWindowsを愛用している人ほど、「マイコンピュータとごみ箱はデスクトップにある」ことを望んでいませんか？

Windows10でも[PC]アイコンをデスクトップに表示することは可能です。

1. [スタート]メニューにある[設定]ボタンをクリックし、[設定]画面の[個人用設定]を選びます。
2. 画面左の[テーマ]を開き、[デスクトップアイコンの設定]をクリックし[コンピューター]にチェックマークを入れて[OK]ボタンを押します。

これでデスクトップに表示された[PC]アイコンをダブルクリックすると、[PC]を選択した状態でエクスプローラーが開くようになります。

058 『OneDrive』ってなんだ?

Microsoftアカウントを使ってサインインしている場合、エクスプローラーのナビゲーションウィンドウに『**OneDrive**（ワンドライブ）』というアイテムが表示されます。これはマイクロソフトが提供する<mark>オンラインストレージ</mark>です。

無料で利用できるオンラインストレージ

オンラインストレージとは、<mark>インターネット上にあるディスクスペース</mark>です。パソコン、タブレット、スマホなどインターネットに接続している端末であれば利用できます。このようなサービスを「**クラウドサービス**」と呼びます。

簡単にいえば、インターネット上に自分のファイルを保存できるスペースのことで、今や無料・有料含めて複数のサービスがあります。代表的なものに『DropBox』『Yahoo！ボックス』などがあり、iPhoneユーザーなら『iCloud』を利用している人が多いでしょう。

OneDriveもこれらのサービスのひとつですが、<mark>Microsoftアカウントを取得したときに同時に利用可能</mark>となります。無料で使える容量は5GBまでですが、別途、月額249円で50GBまで利用できるプランも用意されています（2018年1月現在）。

オンラインストレージを利用するには、会員登録をしたり専用アプリを導入したりと、サービスを受けるための手続きが必要となります。しかしWindows10にMicrosoftアカウントでサインインしている環境なら、特に設定をすることなくエクスプローラーから利用できるのです。この手軽さは大きなメリットのひとつでしょう。

OneDriveは、どう使う?

エクスプローラーのナビゲーションウィンドウにOneDriveが表示されているなら"<mark>利用できるストレージとは別に、もう5GB分の保存場所がある</mark>"と考えてください。

表示された「OneDrive」に自分のパソコンにあるファイルやフォルダーをドラック＆ドロップするだけで、インターネット上にあるマイクロソフト社の専用スペースにアップロードされます。万が一パソコンが壊れても、<mark>OneDriveに保存したファイルは何ら影響を受けません</mark>。別のパソコンから自分のOneDriveにアクセスすればファイルを利用できます。

また複数のインターネット端末を使ってるときも便利です。たとえば職場ではデスクトップパソコン、外回りではタブレットPCを使い、自宅ではノートパソコンと使い分けているとき、<mark>同一のMicrosoftアカウントでサインインしておけば、どの端末からでもファイルを共有することができます</mark>。

さらに、OneDriveはローカルディスクにキャッシュを持つという仕組みがあり、オフラインでもOneDriveに保存したファイルを編集することができます。オンラインになった時点で自動的にアップロードを行い、自動同期が行われる点も便利です。

複数デバイスの利用が当たり前のような今、OneDriveはさまざまなシーンで活躍してくれます。具体的な手法については、次項で紹介します。

●Microsoftアカウントでサインインすると、ナビゲーションウィンドウに「OneDrive」が表示される

| Column | スマホでOneDriveを利用したい |

スマホでもOneDriveに保存したファイルを閲覧したり、ファイルを保存・共有することができます。Webブラウザーからアクセスする（111ページ参照）、アプリを利用する、といった2つの方法があります。アプリはiPhoneなら『App Store』から、Androidなら「Google Play」から入手しましょう。

059 OneDriveでファイル共有をするときのコツ

OneDriveを使えば、ファイルの保存場所が増えるだけでなく、簡単にファイルの共有が可能であることは大きなメリットです。

どのように使えばよいのか、仕組みと合わせて紹介しましょう。

オンデマンド機能が追加され、さらにパワーアップ

2017年10月のFall Creators Update（1709）ではOneDriveにオンデマンド機能が追加され、使い勝手がワンランクアップしています。

それまではパソコンに保存されたファイルはすべてOneDriveと同期されていました。この仕組みはシンプルでわかりやすいとはいえ、タブレットなど搭載しているハードディスクやSSDの容量が少ないデバイスでは、すべてのファイルを同期できないこともありました。同期するのは特定のフォルダーに限定するという、一手間をかけて使っていた人も多かったでしょう。

オンデマンド機能を使うと、ネット上にあるファイルやフォルダーのアイコンのみをパソコンに表示させておくことができます。必要なときにアイコンをダブルクリックすれば、その時点でファイルがダウンロードされます。この仕組みにより、デバイスの容量を圧迫する心配がなくなったのです。

オンデマンド機能は、次の手順で有効にすることができます。

1 タスクバーにある ∧ ［隠れているインジケーターを表示します］をクリックし、「OneDrive」アイコンを右クリックして［設定］を選択します。

2 ［Microsoft OneDrive］画面の［設定］タブにある［ファイルのオンデマンド］の「容量を節約し、ファイルを使用するときにダウンロード」にチェックマークを入れて［OK］ボタンを押します。

●オンデマンド機能を有効にする

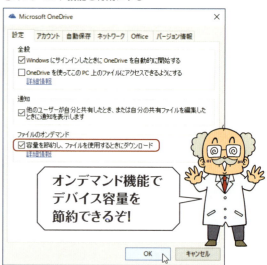

●「OneDrive」の［設定］を選択

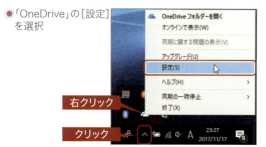

ファイルやフォルダーの状態はアイコンにつくマークで判断できる

オンデマンド機能を有効にすると、OneDriveにあるファイルやフォルダーの状態は、アイコンにつくマークで判断できます。マークには3種類あり、次のような意味があります。

雲のマーク

ネット上にのみファイルは保存されています。ファイルを開くとダウンロードされます。デバイスがインターネットに接続されていないときは、ファイルは開けません。

OneDriveにのみ

白地に緑のチェックマーク

ファイルを開くとダウンロードされ、ローカルでも

利用可能なファイルとなります。デバイス内にも保存されるので、インターネットに接続しなくてもファイルは開けます。なおアイコンを右クリックして[空き領域を増やす]を選択すると、オンラインのみとなり、雲マークに変わります。

パソコンでも使える

緑のチェックマーク

ネット上とデバイス内のどちらにも保存され、常に同期します。デバイスがインターネットに接続していなくても、そこに常に存在しています。

常に同期している

ファイルやフォルダーごとに設定が可能

オンラインで作成したり、別のデバイスで作成して保存したファイルやフォルダーはネット上のOneDriveにのみ保存されていますので、雲マークがついた状態で表示されます。

このファイルを開くと、ただちにダウンロードされます（雲マークから白地に緑のチェックマークに変わります）。この状態ではデバイス内にも保存されていますので、ハードディスクなどの容量を消費します。ネット上にのみ保存された状態にしたいときは、ファイルを右クリックして[空き領域を増やす]を選択しましょう。

また、常にOneDriveとパソコン内で同期するようにしたい場合は、ファイルを右クリックして[このデバイス上で常に保持する]を選択します。

●ファイルやフォルダーごとに設定を選ぼう

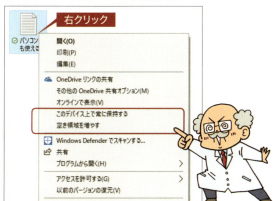

これらのルールを踏まえて、ファイルによって"どう保存するか"を決めていくとよいでしょう。たとえば私の場合、家族写真はネット上にのみあればよいので通常は雲マークです。ときどき写真を開いて見ますが、パソコン内に保存しておく必要はないので、白地に緑のチェックマークになったものを再度雲マークに戻しています。

一方、デスクトップパソコンでもノートパソコンでも作業を行う仕事用ファイルは、常に最新の状態でなければ困りますので、自動的に同期が行われるように緑のチェックマークがつく状態にしています。

OneDriveにあるファイルをブラウザーで共有

OneDriveに保存したファイルは、ブラウザーでも共有できます。OneDriveのサイト（https://onedrive.live.com）に入り、Microsoftアカウントでサインインしましょう。ブラウザーに表示されるフォルダーやファイルを閲覧するだけでなく、アップロードやダウンロードも可能です。

ファイルを第三者と共有したいときは、ファイルのURLを相手にメールなどで送ることで実現できます。

1. ブラウザーに表示されたファイルを右クリックして[共有]を選択します。
2. [編集を許可する]にチェックマークを入れておくと、URLを知っている人は誰でもファイルを変更することが可能です。
3. [リンクの取得]をクリックすると、URLと[コピー]ボタンが表示されますので、これを使ってメールなどで相手にファイルのURLを伝えましょう。

●第三者にURLを伝えてファイルを共有しよう

060 Windows10では ライブラリ機能はどうなっているのか?

今やパソコンを通して、複数のストレージを使う時代です。パソコン本体に付属しているハードディスクもしくはSSDという記憶装置はもちろん、外付けハードディスクなど本体に接続して利用するもの、ネットワークを使ったNAS（ネットワークストレージ）やOneDriveに代表されるオンラインストレージなど、一人のユーザーがさまざまなファイルの保存場所を確保できます。

そういった使用環境からすると、同種のファイルであっても別々のストレージに保存することはめずらしくはありません。たとえば私の場合、パソコンのCドライブにある［ピクチャ］フォルダーには自分のデスクトップをキャプチャーした画像ファイルがあります。そしてNASにはデジカメで撮影した画像ファイルを保存しています。また外付けハードディスクには、仕事で必要になった資料の画像ファイルが入っています。このように別々の場所に保存している同種のファイルをすべて使って作業をしたいとき、Windowsの仮想フォルダー機能を活用すれば一か所からアクセスすることが可能となります。

前項で紹介したエクスプローラーのナビゲーションウィンドウに表示される『クイックアクセス』も仮想フォルダーですので、ここに別々の場所にあるフォルダーをピン留めしておく、ということでも実現はできます。

これとは別に、もっと意識的にファイルを一元管理できる方法があります。それが『ライブラリ』と呼ばれる機能です。

Windows7で登場した ライブラリ機能とは

ライブラリ機能は、Windows7ではじめて導入されました。エクスプローラーを起動すると、テーマ別にフォルダーを集めて表示する『ライブラリ』が開き、そこには「ドキュメント」「ピクチャ」「ビデオ」「ミュージック」の4つのアイコンが表示されていました。ま

た［スタート］メニューに表示される［ドキュメント］をクリックしてもドキュメントライブラリが開いていました。Vista以前の「マイドキュメント」にアクセスするには、いったんユーザーアカウント名をクリックして、表示された個人用フォルダーで開く、という仕様となっていたのです。

●Windows7のライブラリ機能

従来のフォルダーと仮想フォルダーでは、ルールが違ってきます。もっとも注意しなくてはならないのは、ファイル名です。パス（103ページ参照）のところでも説明しましたが、同一フォルダー内に同じ名前のファイルは保存できません。しかし仮想フォルダーでは可能です。

そのためエクスプローラーでライブラリを開くと同一ファイル名（ファイルの種類も同じ、つまり拡張子も同一）であっても一緒に表示されます。右図のように同一名のテキストファイルが、同じメイン画面にズラ～ッと並ぶのです。ここではファイルの区別が付きづらく、思ったものではないものを誤って編集してしまう危険性があるのです。

Windows7では、誰もがこの点を意識した上でライブラリ機能を利用しなくてはなりませんでした。

●ライブラリでは同一名のファイルが同一画面に並ぶ

●[ライブラリ]フォルダーが追加される

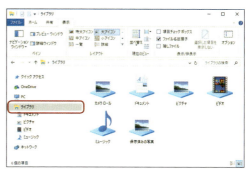

Windows10でも
ライブラリ機能は利用可能

　Windows10でも引き続きライブラリ機能は搭載されています。ただし初期設定では非表示となっているため、7のようにエクスプローラーに表示されることはありません。

　ライブラリを利用したい場合は、エクスプローラーのナビゲーションウィンドウで設定する必要があります。手順は次のとおりです。

❶エクスプローラーを開き、[表示]タブのリボンを表示させて、画面左の[ナビゲーションウィンドウ]の▼をクリックして、[ライブラリの表示]にチェックマークを入れます。

●「ライブラリの表示」にチェックマークを入れる

❷ナビゲーションウィンドウに[ライブラリ]フォルダーが追加されます。[ライブラリ]をクリックすると、メイン画面に6種類のライブラリのアイコンが表示されます。

Column　ライブラリの対象フォルダーを追加したい

　ライブラリは異なる場所にあるフォルダーを超えて、ファイルを一元管理します。対象となるフォルダーは次の手順で追加登録することができます。

❶エクスプローラーを開き、画面左のナビゲーションウィンドウにある[ライブラリ]を選択し、フォルダーを追加したいライブラリをクリックします。

❷[ライブラリツール]の[管理]タブのリボンの左端にある[ライブラリの管理]ボタンを押すと開く画面の[追加]ボタンを押して、登録したいフォルダーを指定します。ライブラリに追加したフォルダーは自動的に「インデックス作成対象フォルダー」(122ページ参照)となります。

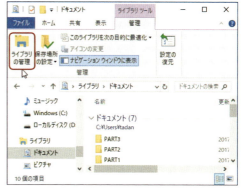

　なお、Windows10ではライブラリの対象にパブリックフォルダー(すべてのユーザーからアクセス可能なフォルダー、使っているパソコンに他のユーザーがいる場合はファイルを共有するのに便利)は入っていません。その点は7と異なりますので、必要ならば手動で追加しておきましょう。

061 そもそも「ドキュメント」って、一体なんだ？

　エクスプローラーに表示される「ドキュメント」という名前のフォルダー。Windows95時代には「マイドキュメント」と呼ばれ、その流れが今も脈々と続いています。

　なぜWindowsは「ドキュメント」フォルダーがあるのか、何のために用意されているのでしょうか。

ユーザーのために用意されたフォルダー

　WordやExcel、Windowsアクセサリにある『メモ帳』や『ワードパッド』などマイクロソフトのアプリケーションソフトを使ってファイルを作成したとき、保存する場所は「ドキュメント」が選択されます。画像ファイルなら「画像」、音声ファイルなら「ミュージック」、動画ファイルなら「ビデオ」という具合に、保存するタイミングでファイルの種類別フォルダーに整理されるわけです。

　この仕組みにより、Windows初心者であっても"ファイルの保存場所を見失わない"という利点があるわけですが、それだけではありません。

　Windowsにはシステム関連のファイルがぎっしり詰まった[Windows]フォルダー、アプリケーションソフトの実行ファイルが格納される[Program Files]フォルダーなど、重要な役割を持つフォルダーがあります。もし、これらのフォルダーに私たちが作成したデータファイルも一緒に保存したら、どうでしょう？　ファイルをひんぱんに出し入れするなかで、システムにとって重要なファイルを誤って移動したり、削除してしまったとしたら？　最悪、Windowsそのものが起動しなくなるでしょう。そういった危険を回避するため、あらかじめユーザーが使うフォルダーをWindowsは用意しているわけです。

[PC]配下にある特殊フォルダー

　Windows10では、エクスプローラーですべてのフォルダーを管理します。ナビゲーションウィンドウの[PC]の配下には[ドキュメント][画像][ミュージック]など6種類の特殊フォルダーが用意されています。

　実はこれらはショートカットで実体は別のところにあります。たとえば[ドキュメント]は、ローカルアカウントでサインインしているなら、Cドライブの中の[ユーザー]フォルダー内の[〇〇（ユーザー名）]にあります。

　Microsoftアカウントでサインインしているなら、さらにその中の[OneDrive]フォルダー内にあります（OneDriveについては109ページ参照）。

　このように階層の奥深くにあるフォルダーを開かずとも、ナビゲーションウィンドウから手早くアクセスできる点は便利です。

大切なファイルだからこそ、保存場所は自分で決めたい

　[ドキュメント]フォルダーをはじめ、ユーザーのために用意された特殊フォルダーではありますが、データファイルの保存場所がシステムファイルと同じCドライブにあるのは歓迎できません。システムにトラブルが起きたとき、OSを再インストールすることになれば、自分で作成したデータファイルを一挙に失うことになります。

　そういった事態を考えて、[ドキュメント]フォルダーの保存場所をCドライブ以外の場所に移動しておきましょう。最近はハードディスクの大容量化が進んでおり、あらかじめ複数のパーティションを作成しているパソコンが増えています。Cドライブ以外に保存先があるのなら、保存する場所を移動しておきましょう。

　ここではローカルアカウントでサインインした場合での手順を紹介します。

1. 事前に移動先となる場所にフォルダー（ここでは「私のデータ」）を作成します。
2. エクスプローラーのナビゲーションウィンドウにある[PC]配下の[ドキュメント]アイコンを右クリックして[プロパティ]を選択します。

❸プロパティダイアログの［場所］タブをクリックし、［移動］ボタンを押します。

●［移動］ボタンを押す

大事なデータファイルはCドライブ以外に保存しておきたいものじゃ。

❹［移動先の選択］画面が開きますので、手順1で選択したフォルダー（ここでは「私のデータ」）を選択し、［フォルダーの選択］ボタンを押します。

●Cドライブ以外の場所に移動する

Column 混乱の元でもある「ドキュメント」という名前

そもそも「**ドキュメント**（Document）」には「書類」という意味があり、簡単にいえば"書類フォルダー"ですから、いろいろ種類があってもよい……ハズがありません！

なぜかWindows10では3つの「ドキュメント」と名前の付いた特殊フォルダーがあります。本文で紹介した［PC］配下のショートカット、OneDriveにある［ドキュメント］フォルダー、そしてライブラリにある［ドキュメント］ライブラリです。この3つはアイコンもよく似ています。リボンにある［移動先］や［コピー先］ボタンを使いたい場合は、フォルダーかライブラリかを凝視しないと見極められません（ライブラリには絵柄に下敷き？が付いています）。

●［PC］配下のドキュメント

　　🗎 ドキュメント

●OneDrive配下のドキュメント

　　🗎 ドキュメント

●ライブラリ配下のドキュメント

　　🗎 ドキュメント

●アイコンの絵柄で区別するのは難しい

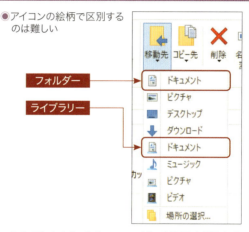

なんてわかりにくくて、ユーザーを混乱させる名前なのだ〜と思ってしまいますが、OneDriveは"ローカルディスクと必ず同期する"というルールがありますので、［PC］配下のドキュメントと内容は同じです。Microsoftアカウントでサインインしている状態なら、マイクロソフトのアプリケーションソフトは保存先に、OneDrive内のドキュメントを指定してきます。

［ドキュメント］ライブラリは、初期状態では非表示、つまり"使わない"設定ですので、使用する際はユーザーが注意しろ、ということでしょうか。

もし間違えてドキュメント違いをしてしまっても、ファイルを見失うような大事にはならないとは思いますが、この紛らわしさは改善すべきですね。

062 「ごみ箱」が特殊なフォルダーだって、どういうことなのか？

不要になったファイルを「ごみ箱」に捨てると消すことができます。ファイルが入ると紙くずが盛り上がり、削除すると空になる。なかなか凝ったアイコン表現をするごみ箱ですが、これもドキュメントと同じくWindowsが用意した特殊フォルダーなのです。

ファイルを"捨てる"は、移動させただけ

ごみ箱にファイルを"捨てる"という行為は、実は単にファイルの保存場所を移動させただけ――ということは、ご存知ですか？

試しにファイルをごみ箱に捨てて、ごみ箱アイコンをダブルクリックしてみましょう。エクスプローラーが開いて、捨てたファイルが表示されます。

● ごみ箱アイコンをダブルクリックするとエクスプローラーが開く

メイン画面でファイルをダブルクリックすると、ファイル自体は開かずプロパティ画面が開きます。この画面にある[元に戻す]ボタンを押すと、ごみ箱に捨てる前の場所にファイルが戻ります。ここで再度ダブルクリックすれば、通常どおりファイルが開いて利用することができます。

ごみ箱は不要なファイルを捨てる場所ですが、必要になれば捨てる以前の保存先に戻す機能もあるわけです。

間違えてファイルを捨てても元の場所に戻せるからよかった！

● ごみ箱内のファイルは捨てる前の保存場所に戻すことができる

ごみ箱には、サイズが設定されている

ごみ箱は通常のフォルダーと違い、容量に制限があります。ごみ箱のあるディスク全体の約5%程度が初期設定で確保されています。となると、大容量のハードディスクを使っている場合は、ごみ箱に割り当てられている容量がムダに多いかもしれません。

ごみ箱のサイズを確認・変更したいときは、ごみ箱アイコンを右クリックして[プロパティ]を選択します。プロパティ画面の[カスタムサイズ]の最大サイズの数字が、ごみ箱のサイズです。下図では19550MBですので、約19GBです。これでは多すぎると感じるなら、数値を手動で変更して[OK]ボタンを押しましょう。

● ごみ箱のサイズは「最大サイズ」で設定

ここで注意したいのが、"極端にサイズを小さくしない"ことです。たとえば、ごみ箱のサイズを200MBにしておき、300MBのファイルをごみ箱に捨てると、どうでしょう？「このファイルを完全に削除しますか？　ファイルがごみ箱に対して大きすぎます」との警告メッセージが出ます。それに対して「はい」と応じると、ただちにファイルは削除されてしまうのです。いったんごみ箱にファイルが留まる、ということがなくなりますので、削除には慎重にならざるを得ません。

そういった点を回避したいなら、自分が日頃扱うファイルの容量よりも大きなサイズを設定しておきましょう。

なお、Windows10ではCreators Update（バージョン1703）にて、**ストレージセンサー機能**が追加されました。これにより、ごみ箱で30日を経過したファイルは自動的に削除されます。これはOneDriveのWebサイトにある「ごみ箱」（134ページ参照）と同様の仕様です。この機能をオフにしたい場合は、149ページをご覧ください。

ごみ箱の実体は、どこにあるのか？

ごみ箱は特殊フォルダーですが、隠しフォルダーになっています。通常、実体は見えません。表示させたいときは、エクスプローラーのリボンにある［オプション］ボタンを押して、［フォルダーオプション］ダイアログを表示させてください。［表示］タブを開いて、［隠しファイル、隠しフォルダー、および隠しドライブを表示する］を有効にし、［保護されたオペレーティングシステムファイルを表示しない］のチェックマークを外します。変更を確認する警告メッセージが表示されますが、ここでは［はい］ボタンを押します。

Cドライブの中の［$Recycle.Bin］フォルダーが実体で、この中に［ごみ箱］フォルダーがあります。なお名前が「S-1」からはじまるフォルダーは他のユーザーが使用しているものでアクセスはできません。

● ［$Recycle.Bin］フォルダー内にごみ箱フォルダーがある

この［$Recycle.Bin］フォルダーはドライブごとに生成されます。ハードディスクにDドライブやEドライブがあるなら開いて見てください。それぞれに［$Recycle.Bin］フォルダーが存在します。

Cドライブにあるファイルをごみ箱に捨てるとCドライブの［$Recycle.Bin］フォルダーに、Dドライブにあるファイルなら Dドライブの［$Recycle.Bin］フォルダーにファイルが移動します。しかしデスクトップにあるごみ箱を開いて見ると、どちらのドライブで捨てたファイルも一緒に入っています。つまりデスクトップにあるごみ箱は、［$Recycle.Bin］フォルダーを一元管理するライブラリのような存在なのです。

（なお、各ドライブの［$Recycle.Bin］フォルダー内のごみ箱も一元管理していますので、実際に入っているファイルやフォルダーは確認できません。ごみ箱フォルダーごとコピーして別の場所に貼り付けると、実際に入っているファイルを確認できます）。

> **注意！**
> システム関連のファイルは安易に操作してはいけません。通常は「隠しファイル、隠しフォルダー、および隠しドライブを表示しない」「保護されたオペレーティングシステムファイルを表示しない」設定にしておきましょう。

「ごみ箱」のしくみを知って、自分なりに活用していこう！

063 削除したファイルが復活できるのは、書き込み方にひみつがある

　ごみ箱にファイルを捨てて「ごみ箱を空にする」を実行すると、ファイルは削除されて姿が消えます。でも実体は、まだディスクに残ったまま。だから復活もできるかも――って知っていますか？

ファイルは、こうしてディスクに書き込まれている

　ファイルの削除について説明する前に、ファイルがどのようにディスクに書き込まれているかをお話ししましょう。ここではわかりやすいようにハードディスクをベースに「**FAT**（ファット）」というファイルシステム（120ページ参照）で解説します。

　ハードディスクの構造を簡単に説明すると、同心円状の区切りである**トラック**と扇状の区切りである**セクタ**で分割されています。

　このセクタが物理的な記録領域の最小単位で、広さは512バイトしかありません。これではあまりにサイズが小さいので、いくつかのセクタをひとまとめにして「**クラスタ**」という論理的な単位をつくります。Windowsはそのクラスタに通し番号を付けて管理をしています。

　クラスタは別名「File Allocation Unit」といいます。FATの正式名称は「File Allocation Table」といい、「Table」とは「一覧表」という意味があります。ですから**FATは、クラスタの内容を一覧表示した"台帳"のようなもの**と考えてください。この台帳があれば、すでにファイルが書き込まれたクラスタはどれであるか、すぐに把握することができます。

　そしてハードディスクにどのようなファイルが保存されているかは、「**ディレクトリエントリ**」に記録されます。ここではファイル名、サイズ、最終更新日、属性、ファイルが書き込まれた場所（クラスタ番号）といった情報が格納されます。

　では具体的にファイルの読み書きについて見ていきましょう。わかりやすいように「FAT16」を例にします。Windowsが行うファイル操作の手順は、まず「ディレクトリエントリのデータを読み込む」、次に「FATの情報を読み込む」、そして「ディスク内のデータを読み込む」です。

最初は順序よくいっても、後半事情が変わってくるのは避けられない

　フォーマットしたばかりのハードディスクには、ファイルは順序よくクラスタに保存されていきます。たとえばファイル名「lion」「elephant」「tiger」という3つのファイルを保存したとします。lionでは1クラスタ、elephantでは2クラスタ、tigerでは3クラスタを使った場合は、ディレクトリエントリとFATは次ページの図のように書き込まれます。

　tigerのファイルをダブルクリックすると、まずはWindowsはディレクトリエントリを調べて、保存クラスタの番号を読み出します。このファイルは2つのクラスタに分かれて記録されていますので、FATの情報をもとにして順番にデータが読み出されていきます。

ファイルが削除されると、どうなるのか？

　では次に、ファイルを削除した場合を説明しましょう。elephantというファイルを削除すると、Windowsはディレクトリエントリにある「elephant」というファイル名の先頭の1文字を「E5h」に置き換えます。「E5h」が入るとファイルが削除されたと認識されます。簡単にいえば「　lephant」というように先頭の文字が消えたようなものです。これではWindowsは、elephantという名前のファイルを認識することはできません。そしてFATはelephantファイルが使っていたクラスタに「0000」と書き込みます。これでその番号のクラスタは未使用状態になるのです。

ディレクトリエントリ

ファイル名	保存クラスタ
lion	0002
elephant	0003
tiger	0005

FAT

クラスタ番号	次のクラスタ
0002	FFFF
0003	0004
0004	FFFF
0005	0006
0006	0007
0007	FFFF
0008	0000
0009	0000
000A	0000
000B	0000

注：保存クラスタの1番目はシステムの起動を行うブートローダなどが格納されているため、ユーザーファイルは2番目からの連番となる

ディレクトリエントリ

ファイル名	保存クラスタ
lion	0002
lephant	0003
	0005
tiger	

ファイル名の先頭の1文字が「E5h」に置き換えられてこのファイル名は無効になる

FAT

クラスタ番号	次のクラスタ
0002	FFFF
0003	0000
0004	0000
0005	0006
0006	0007
0007	FFFF
0008	0000
0009	0000
000A	0000
000B	0000

このように<mark>ディレクトリエントリとFATは書き換えられますが、ファイル本体は残ります</mark>。そのためファイル復元ソフトなどを使えば、削除したあとでもファイルを復活できる可能性はあるのです。

この"復活できる可能性"の確率は、その後のパソコン状況に左右されます。なぜなら、<mark>削除後に新しいファイルが作成されると、本体部分に上書きされていくから</mark>です。本体が消えれば、ファイルは復活できません。誤って重要なファイルを削除してしまった場合は、何も操作せずに業者に依頼するか、ファイル復元ソフトを使うことをお勧めします。

そしてもうひとつ！ 大切なファイルが消えたという、万一の事態に備える機能をWindows10は持っています。詳細は後述（130ページ参照）しますので、お楽しみに。

大事なファイルを削除してしまっても、そのあと何も操作しなければ、復活できる可能性はあるのじゃ。

こういうしくみになっていたのね。

064 ファイルシステムって、なんだ？

ハードディスクなどの記憶装置でファイルを管理したり、データの読み書きをする機能を「**ファイルシステム**」と呼びます。Windows10では「**FAT**」「**NTFS**（エヌティーエフエス）」「**exFAT**（イーエックスファット）」をサポートしています。

FAT16からFAT32へ、そしてNTFS

ファイルシステムの歴史について、簡単に紹介しましょう。

FATはWindowsが登場する以前からMS-DOSで使われてきたファイルシステムです。ファイルが保存されている場所を"一覧表"で管理する単純なもので、初期の頃は管理テーブルの大きさが16ビットである「**FAT16**」でした。Windows95で主に使われましたが、クラスタのサイズが最大32KBで、1つのパーティションを2GBまでしか管理できないという制限がありました。

時代の流れでハードディスクの容量が巨大化していくにつれ、次第にFAT16では管理しきれなくなってきました。そこで管理テーブルを32ビットに拡張した「**FAT32**」がWindows95 OSR2から導入されました。これによって2TB（1024GB×2）までのドライブを管理することが可能となったのです。

MS-DOSの流れとはまったく別に、WindowsNT用として開発されたのが「**NTFS**（New Technology File System）」です。FATとNTFSはまったく異なるファイルシステムで、互換性はありません。XPからはFATとNTFSの両者をサポートするようになり、NTFSのほうが推奨されました。

NTFSのメリットとは

NTFSは大容量ハードディスクをより効率よく利用できるというメリットがあります。FAT32ではクラスタのサイズが32KBですが、NTFSでは32GB以上のディスクではクラスタのサイズが4KBとなります。たとえば1KBしかないファイルを保存するとき、FAT32では32KBの領域を占領しますが、NTFSでは4KBしか使いません。このようにNTFSのほうが、ディスクの容量を多く確保できるのです。

またNTFSでは「**MFT**（Master File Table）」という管理レコードがファイルの情報を管理します。このレコードにはファイル名、更新日、属性などが記録されますが、データそのものも属性の1つとして認識しますので、小さいサイズのファイルは直接MFTに書き込まれます（ただしMFT内に収まりきらないファイルは、外部クラスタにデータが書き込まれ、MFTにはその場所のインデックスが記録されます）。MFTにデータそのものが書き込まれることにより、ファイルを開く動作がスピーディになります。またFAT32のように分散したクラスタにファイルが分割されて書き込まれることが少ないため、断片化が起こりにくいといえます。

さらにディスクに何らかのトラブルが起きたときに、すぐに復旧できるように「**トランザクションログ**」というファイル更新履歴のログをとっておく「**ジャーナリングシステム**」という機能、ファイルのアクセス制限や暗号化機能、圧縮機能を使ってディスクの空き容量を増やす機能などがあります。

NTFSはファイルシステムのなかでももっとも堅牢といわれており、Windowsをインストールできるのは NTFSのストレージのみです。

ディスクをフォーマットするときに必要になるファイルシステムの知識

パソコンやタブレット、スマホなどOSがインストールされている機器では、私たちがファイルシステムを意識することはありません。ところが外付けハードディスクやUSBメモリ、SDカードなどのディスクは、必ずフォーマットを行う必要があります。フォーマットとは「**初期化**」とも呼ばれ、その際にデータをどう管理するか、すなわちファイルシステムを指定しなけ

ればなりません。

　本書執筆時点、よく使われるファイルシステムは「FAT32」「NTFS」「exFAT」の3種類です。どれを選ぶかは、利用する機器のOSと1ファイルの最大サイズによって決めることになります。それぞれ次のような仕様です。

FAT32

　「File Allocation Tables」の略で「ふぁっとさんじゅうに」と読みます。MS-DOSで使われてきたファイルシステムで、Windows、macOS、Linux（Android）など複数のOSで共通して使用できます。USBメモリなど一時的にファイルを保存して、異なる機器で共有するときに便利です。ただし4GB以上のファイルは扱えない、という難点があります。またドライブ容量の制限は2TBです。

NTFS

　「NT File System」の略で「えぬてぃえふえす」と読みます。MS-DOSの流れとは別にWindows NT用として開発されました。FATとはまったく異なるファイルシステムで、互換性はありません。現在はWindows標準のファイルシステムです。最大16TBのファイルを扱うことができ、ドライブ容量の制限は256TBまで可能です。macOSでは読み取りはできますが書き込みができないという制限があります。

exFAT

　「Extended File Allocation Table」の略で「いーえっくすふぁっと」と読みます。フラッシュメモリを使ったメモリカードなどリムーバブルメディア用に開発されました。FAT32の「1ファイルの最大サイズ4GB」という難点をクリアしており、理論上は16EBまでのファイルが扱えます。下位互換はありませんが、Windows、macOSともに対応しています。ただし、Androidは機器によって対応状況が異なります。

> **Column　4GB以上のファイルを扱うなら**
>
> 　USBメモリに動画など大きなサイズのファイルをコピーできなかった、という経験はありませんか？ ファイルシステムがFAT32ならば、2GB以上のファイルはコピーできません。その場合は、USBメモリをexFATでフォーマットすれば問題は解決します。
>
> ● ファイルシステムを「exFAT」に切り替えてフォーマットしよう
>
>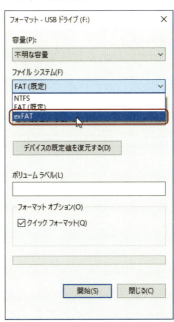

> **Column　iOS10.3で登場した「APFS」**
>
> 　アップル社のmacOSやiOSのファイルシステムは「HFS Plus」でしたが、『iOS10.3』から新たに「**APFS**（Apple File System）」が導入されました。これによりiPhoneは高速化されたといわれています。
>
> 　HFS Plusが1998年に開発されてから、おおよそ20年が経過しており、いよいよアップル社製品では現在のストレージに適応するファイルシステムの登場というわけです。
>
> 　余談ですが、マイクロソフトでも新ファイルシステム「ReFS」がWindows8.1から導入されており、Windows10もCreators Update（バージョン1703）でNTFSのドライブをフォーマットする際にReFSを選択することが可能になっています（なぜか、あまり注目されていませんが……）。

065 大切なファイルが見当たらない！さあ、どうする？

大切なファイルが見当たらない。どこに保存したかわからなくなった——。うっかりすることは誰でもあります。

そんなときは落ち着いて、Windowsの検索機能を使いましょう。

Windows10にある2つの検索ボックス

Windows10には検索ボックスが2か所あります。ひとつは[スタート]ボタン右横の「ここに入力して検索」と表示されている検索ボックス。これには『Cortana（コルタナ）』と呼ばれる音声アシスタント機能が組み込まれています。Windows 10の目玉機能のひとつで、パソコン内だけでなくWeb上の情報も検索できるなど独特な仕様がありますので、詳しくは後述します。

もうひとつの検索ボックスは、エクスプローラーの右上にあります。ここでは表示中のフォルダーに絞って検索を行います。開いている（ナビゲーションウィンドウで選択した）フォルダー内に目的のファイルがなければ検出されません。

見失ったファイルの保存場所がわからない場合は、まずは[ドキュメント]フォルダーで検索をかけ、それでも見つからないときは「PC」を選ぶというように、対象を広げていきましょう。OneDriveはもちろん、使っているパソコンに外付けハードディスクやUSBメモリが接続されている場合、それも検索対象として選択することが可能です。

ファイルの中身まで検索できる機能の裏側

Windows10の検索機能はファイル名だけでなく、ファイルの中身まで検索することが可能です。テキストファイルだけでなく、Word、Excel、PowerPointで作成したファイルやPDFファイルの中身をクロールしてくれます。ファイル名がわからなくてもキーになる言葉を覚えていれば、ファイルを検出することが可能なのです。

ただし、この機能を私たちがストレスなく利用できるように、Windowsはあらかじめファイルに関する索引のようなものを作成してます。それを「インデックス」と呼びます。

インデックスはすべてのファイルにおいて作成されているわけではありません。初期設定では、Cドライブ内のシステムファイル（[Windows]フォルダー）以外を対象としています。自分で作成したデータファイルをCドライブ以外の場所に保存している場合は、対象になっていません。

対象とするフォルダーの確認、追加は可能ですので、次の手順で行いましょう。

1 [スタート]メニューにある[設定]ボタンを押します。

2 [設定]画面で「インデックスのオプション」を検索して、表示される項目をクリックします。

● インデックスのオプションをクリック

3 [インデックスのオプション]ダイアログの[変更]ボタンを押します。

● [変更]ボタンを押す

4 [インデックスが作成された場所] ダイアログが開きます。インデックスの作成対象としたいフォルダーにチェックマークを入れて [OK] ボタンを押します。

●インデックス作成の対象としたいフォルダーにチェックマークを入れる

インデックスを作成していない場合は？

インデックスを作成していないフォルダーに保存しているファイルだって、中身を検索したいことがあるものです。その場合はエクスプローラーの「検索ツール」にあるオプション機能を使いましょう。

1 ナビゲーションウィンドウで対象となるフォルダーを選択し、画面右上の検索ボックスをクリックします。
2 リボンの [検索ツール] が開きますので、[詳細オプション] の▼を押して「ファイルコンテンツ」をクリックしてチェックマークを入れます。この状態で検索を行ってください。

インデックスを作成していませんので、検索結果が出るまで時間が掛かります。そこが難点ではありますが、インデックスの作成がなくてもファイルの中身の検索は可能、というわけです。

●「ファイルコンテンツ」を有効にすればインデックスがなくても大丈夫

Cドライブ以外の場所にデータを保存してあるなら、インデックスに追加しておこう！

Column 検索できない？ 精度に問題が生じるようなら

インデックスの作成対象のフォルダーなのに、思うようにファイルを検出できない場合、インデックスの再構築をしてみましょう。

●[再構築] ボタンを押す

[インデックスのオプション] ダイアログの [詳細設定] ボタンを押します。[詳細オプション] ダイアログが開きますので、[インデックスの設定] タブにある [再構築] のボタンを押します。再構築に時間が掛かることを警告するメッセージが表示されますので [OK] ボタンを押して、完了するまで待ちましょう。

●[OK] ボタンを押し、完了するまで待とう

066 こんな方法もあったのか！知っておくと便利な検索のワザ

パソコンはファイルを操作する機器ですから、ファイルの管理ができていないと途端に作業が滞ってしまいます。"必要なファイルを見失う"というのはユーザー自身のミスですが、Windowsが持つ機能を駆使して見つけ出す方法を知っておけば問題はありません。

さまざまな検索方法がありますので、こっそりお教えいたしましょう。

ファイル名全部がわからなくても大丈夫

「検索はしたいのだけど、ファイルの名前がどうしても思い出せない」ということはありませんか？　自分で作成したもの以外に友人にもらったり、インターネット上からダウンロードしたりと、たくさんのファイルを扱っていると、すべてのファイル名を覚えておくのは難しいものです。

正しいファイル名がわからない場合、「**ワイルドカード**」を使ってみましょう。ワイルドカードとは、**ファイル名やフォルダー名を検索する際に利用する特殊文字**のことです。いずれも半角で「*****（アスタリスク）」と「**?**（クエスチョンマーク）」があります。

* …… 1文字以上の任意の文字列を表す

たとえば「企画書*.doc」と指定して検索すると「企画書-A.doc」、「企画書001.doc」などのファイルを探すことができます。

「*.doc」で検索すると、拡張子「doc」のファイルすべてを検出できます。

「企画書*.*」で検索すると、ファイル名の先頭に企画書が付くすべてのファイルとなりますので、「企画書-A.doc」、「企画書001.doc」、「企画書-A.txt」、「企画書001.pdf」というようにファイルの種類を問わず検出されます。

? …… 任意の1文字を表す

たとえば「企画書00?.doc」と指定して検索すると、「企画書001.doc」、「企画書002.doc」、「企画書00A.doc」などのファイルを探すことができます。

「企画??.doc」と検索すると「企画草案.doc」、「企画資料.doc」などが検出されます。

エクスプローラーの検索機能を駆使する

ファイル名を覚えていなくても、ファイルを使った日付やサイズを指定してファイルを探し出すことができます。

エクスプローラーの検索ボックスをクリックするとリボンに[検索ツール]が表示されます。[絞り込み]エリアにある[更新日][分類][サイズ][その他のプロパティ]はいずれもプルダウンメニューになっており、さまざまな条件を指定することができます。

●検索ツールの「絞り込み」

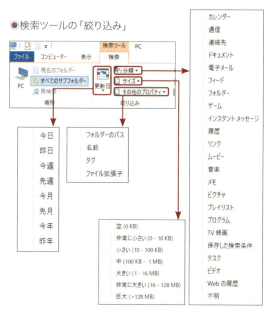

この「絞り込み」は、いわばフィルター機能のようなもので、たとえば「今週使ったファイルのうち、画像ファイルで、サイズが100KB以下」といった条件を指定すると、検索ボックスに青文字で条件が表示され、該当するファイルが検出されます。

●検索ボックスに指定した条件が表示される

●[最近の検索内容]に残った履歴を活用しよう

指定した検索条件は、履歴が残ります。同じ条件で検索をしたいときは、検索ツールの[最近の検索内容]をプルダウンして、メニューから該当するものを選択しましょう。

これらの検索方法を知っておくととても便利じゃ。ぜひ試してみよう！

なお、同じ条件で繰り返し検索を行うのなら、[検索条件を保存]ボタンを押して条件ファイルを作成しておきましょう。ファイルはCドライブの[ユーザー]フォルダー内にあるユーザー名フォルダーの中に[検索]フォルダーがあります。右クリックして[クイックアクセスにピン留め]を設定しておけば、すぐに実行できて便利です。

Column　もっと検索条件を絞り込みたいなら

検索ツールの「絞り込み」に用意されている条件では、物足りないと感じる人はいませんか？ 検索キーワードに条件をつけたり、サイズを細かく設定したい――。そのような場合は、検索ボックスに手入力でフィルターを設定してみましょう。下表のような記号が使えますので、お試しください。

条件の指定	指定例	検索されるファイル
AND 検索	（例）パソコン AND スマホ	「パソコン」と「スマホ」の両方のワードを含むファイル
OR 検索	（例）パソコン OR スマホ	「パソコン」または「スマホ」のいずれかのワードを含むファイル
NOT 検索	（例）パソコン NOT スマホ	「パソコン」は含むが「スマホ」は含まないファイル
サイズ ：＜（または、＞）	（例）サイズ：＜100MB	ファイルのサイズが100MB以下（または以上）のファイル
更新日時 ：＜（または、＞）	（例）更新日時：＜2018/01/05	ファイルの更新日時が2018/01/05よりも前（または後）のファイル

なお、検索ボックスに「更新日時:」と入力するとカレンダーが表示され、任意の期間をドラッグすることで期間を指定することもできます。

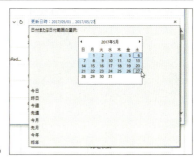

●更新日時の期間を指定できる

067 検索機能もある『Cortana』は、どこまで使えるのか

エクスプローラースとは別に、タスクバーに表示されるの検索ボックスには「**Cortana**（コルタナ）」が組み込まれています。これを使って、見失ったファイルを検索することができます。

そもそもCortanaは、どんな機能なのか？

Cortanaはマクロソフトが開発した音声アシスタント機能です。2014年4月に開催されたカンファレンスで『Windows Phone8.1』に搭載されると発表されました。iPhoneの「Siri」、Googleの「OK Google」といったスマホではおなじみの音声機能と同じような位置づけです。

2015年11月に行われたWindows10のアップデートにより日本語でも利用できるようになったのですが、本格的に使えるレベルになったのは2016年8月のAnniversary Updateからです。そのときは検索ボックスに「何でも聞いてください」と自信満々に表示されていました。2017年4月のCreators Updateでは「ここに入力して検索」との表示に変わり、ようやく音声アシスタント機能よりも検索機能が前面に出てきたようです。

● マイクのアイコンを押すと音声機能がオンになる

現行では検索ボックスにあるマイクのアイコンをクリックすると「何でも聞いてください」とボックスの表示が変わり、音声でのリマインダーの登録や明日の予定の確認などが可能となります。さらに「何歳ですか？」などの質問にも応じてくれます。ただし受け答えの内容に関しては、100％満足できるモノとはいえません。

ファイル検索は、大ざっぱなもの

実は「ここに入力して検索」ボックスでは、ザックリとした検索しか行えません。

私のパソコンで、[ドキュメント]フォルダー内の「企画書」というファイルを検索してみました。結果は図のように最適一致のファイルとしてPDFファイルが一番上に表示（なぜこれが最適なのか不明）され、あとは20個のファイルが並びました。ここでファイル名をクリックすれば開きます。右クリックすると[ファイルの場所を開く]と表示されますので、これを使って該当のファイルの保存場所を開くこともできます。

● 検出されるファイルは限られる

同じことをエクスプローラーの検索ボックスで行うと、ファイル名が部分的に一致するもの、中身に合致するものも検出されて、合わせて58個のファイルが

並びました。検索に合致した部分がハイライトされますので、判別しやすいという利点もあります。

●ファイルの中身まで検索されている

アプリやWebなど、総合的に検索を行う

いきなり「ここに入力して検索」ボックスに文字列を入力すると、ファイルやフォルダーだけでなく、アプリやWeb検索も実行されます。この点はエクスプローラーでの検索とは異なります。

たとえば「ワードパッド」と検索すればデスクトップアプリが表示され、クリックすると直ちに実行されます。また「検索候補」に表示された項目をクリックすると、ブラウザーソフトの『Microsoft Edge』が起動して検索を実行した結果を表示してくれます。

検索したあとから対象を絞り込むことも可能です。結果画面の上部にアプリ、ドキュメント、Webを示すアイコンがあり、クリックすることで対象を選ぶことができます。また［フィルター］の ∨ を押すと、さらに細かい項目が表示されますので、設定やOneDrive内を対象にするなど絞り込んでいけます。

これを手間だと感じるのか、便利だと思うかは"何を探したいか"によるでしょう。

●アプリやWeb検索といった絞り込みが可能

PART 3 わかっているようで実はわかってないかも？ファイルにまつわる、あんなこと・こんなこと

Column　気ままな Cortana さんの気持ちはつかめない……

Cortanaは雑談にも応じてくれますので、いろいろ試してみました。すると「ここに入力して検索」ボックスをクリックしたあとに表示される画面に変化が起きました。

最初は「何かお役に立てることはありますか？」の一文と検索対象先を選べるボタンが並んだ画面だったのに、ニュース速報や天気情報が表示されて、思わず「そんなこと、訊いてないよ！」と叫ぶ始末。右上に「・・・」とあるので、それをクリックして「非表示」に設定しまくると、「何かお手伝いできることはありますか？」との一文に変わって「興味、タップして表示」としか出なくなりました。これをクリックすると『ノートブック』というCortanaの設定項目が出てきました。

どうやらCortanaのメニューは、使っているうちに変わっていくようです。本文で紹介したように、大きなアップデートごとに機能もブラッシュアップされるようですので、この変化を楽しむしかないようです。今の時点では、ファイル検索はエクスプローラーで行ったほうが無難ではないでしょうか。

●メニュー内容はCortanaさんの気分次第？

068 検索機能にまつわるエトセトラ

　Windows10の検索機能は、Cortanaも含めて多彩です。便利な反面「これは設定を変えたいな」という部分も出てきますが、私たちの思うとおりにはいかないことがあります。

インデックスの作成は
停止しないほうがよい

　ファイルの中身を迅速に検索するために、「**インデックスの作成**」（122ページ参照）が行われます。扱うファイルの数が増えればインデックスのサイズも大きくなり、あまり検索をしない人には不要に感じるでしょう。

　インデックスの作成を停止することは可能です。しかし、Windows10の検索インデックスは「ライブラリ」（112ページ参照）とも連携するなど、Windowsの標準機能と関わりを持つ部分があります。そのため安易に停止する思わぬところで影響が生じる恐れがあり、また大きなアップデート時に何らかの支障が出てくることも懸念されます。

　インデックスの肥大化が気になる場合は、==対象となるフォルダーを減らすか、対象とするファイルの種類を絞る==といった最適化を行いましょう。

● 検索対象にしたい種類のファイルのみ、インデックスを作成しよう

　ファイルの種類の限定は、まず[インデックスのオプション]ダイアログの[詳細設定]ボタンを押し、[詳細オプション]画面の[ファイルの種類]タブを開きます。ここでインデックスを作成したいものだけにチェックマークを付けておきましょう。

Cortanaの無効化は「できない」
という仕様

　Cortanaは未だ発展途上にある機能です。そのため、アップデートのたびに仕様が変わってきます。ファイル検索はエクスプローラーで行ったほうが無難です。

　2016年のAnniversary Update以降、それまでMicrosoftアカウントでサインインが必須でしたが、ローカルアカウントでも利用可能となりました。

　その一方、==Windows10 HomeではCortanaを無効にできなくなった==のです。上位バージョンのProおよびEnterpriseでは、ローカルコンピューターポリシーやグループポリシーで無効に設定することは可能です。ですが、Cortanaのプロセスはバックグラウンド動作しており、完全に停止するわけではなさそうです。

　レジストリを操作するなどして、Cortanaの設定を変更するとシステムに影響が出るとの情報もあり、カスタマイズはお勧めしません。どうしてもCortanaを使いたくない場合は、==検索ボックスを右クリックして、メニューにある[Cortana]の[表示しない]を選びましょう==。タスクバーから検索ボックスが消えて"Cortanaは使えない"という状況になります。

　最後に余談ですが、Cortanaはマイクロソフト製のゲームに出てくる女性型人工知能（AI）の名前だそうです。

● 無効にはならないが、検索ボックスを非表示にしてCortanaを使わないようにはできる

PART 4

これでトラブルが起きても安心！知っておきたい、あの手この手べんりな手

パソコンは誰もが手軽に扱えるようになったとはいえ、トラブルがまったく起きないわけではありません。万一の事態を想定した使い方をするか否かは、あなた次第です。まさに"備えあれば憂いなし"。日頃から行うべきことにメンテナンス、さらに緊急時の対処法についてお話ししましょう。

ホホホ…

パソコンの健康のためにも運動が必要と思いまして

ウォーン

069 消えたファイルを復活！"備えあれば憂いなし"の機能とは、これだ❶

パソコンを使っているなかで、二番目に困る事態（一番困っている人は154ページへ）は、自分が作成したファイルを失うことです。

どんなに時間を掛けて作った企画書であっても、あのときにしか撮れなかった貴重な写真でも、消えてしまうのは一瞬のこと。そして取り戻すのは非常に困難です。

そういったトラブルに備えて、バックアップを必ずとっておくことはパソコンユーザーとしての心得です。そして、それを行えるだけの機能をWindows10は持っています。

「ファイルの履歴」というベタな名称の機能

ファイルを失ったとき、誰もが「ああ、過去に行ってファイルをもらってきたい……」と思うもの。その願いを叶えるのが「**ファイルの履歴**」機能です。なにやら素晴らしい機能のように見えますが、仕組みは単純。

　　指定したフォルダー内のファイルを
　　指定されたディスクに
　　指定されたタイミングで
　　指定された保持期間

自動的に書き込んでくれる機能です。

設定さえしておけば、あなたが意識しなくても、大事なファイルをバックアップしておいてくれます。準備が必要なのは、外付けハードディスクやUSBメモリ、SDカード、ネットワーク上のディスクなど、システムが入っていない保存先となるドライブのみです。

「ファイルの履歴」を設定しよう

早速「ファイルの履歴」を設定しましょう。
まずは、外付けハードディスクなどのバックアップ先となるドライブをパソコンに接続してから、次の手順で進めてください。

❶［スタート］メニューにある［設定］ボタンを押します。

❷［設定］画面の［更新とセキュリティ］をクリックします。

❸［更新とセキュリティ］画面の左側で［バックアップ］を選び、［ドライブの追加］をクリックします。

●［ドライブの追加］をクリック

❹外付けハードディスやUSBメモリなど利用できるドライブが表示されますので、バックアップ先として指定したいものをクリックします。

●バックアップ先を選択する

5 [ファイルのバックアップを自動的に実行]がオンになります。引き続き、細かい設定をするため[その他のオプション]をクリックします。

●[その他のオプション]をクリック

6 [バックアップオプション]画面が開きます。[ファイルのバックアップを実行]でバックアップを行うタイミングを指定します。「10分ごと」から「毎日（24時間）」までの選択肢がありますので、自分のペースに合わせて選択しましょう。
なおバックアップは前回のデータの差分でとりますので、一般的に間隔が短いと、バックアップされる容量は大きくなります。

7 同じ画面で[バックアップを保持]を指定します。最新のもの以外を保持しておく期間ですが、通常は「無制限」を選んでおきます。バックアップ先の容量が不足してくると通知メッセージが表示されます。

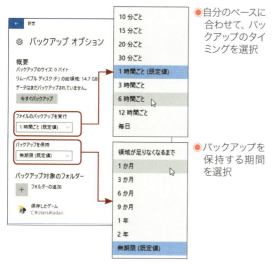

●自分のペースに合わせて、バックアップのタイミングを選択

●バックアップを保持する期間を選択

8 バックアップ対象とするフォルダーを[フォルダーの追加]をクリックして指定します。初期設定では[ドキュメント]フォルダーをはじめとしたユーザーフォルダーや『OneDrive』（109ページ参照）のフォルダーも含まれますが、不要なものは削除できます。フォルダー名をクリックすると[削除]ボタンが出ますので、[OK]ボタンを押します。削除といっても対象から外すだけでフォルダー自体を消すわけではありません。また[フォルダーの追加]や[除外するフォルダー]の追加も可能です。

●バックアップしたいフォルダーを指定

●削除したいフォルダーを指定

9 すべての設定が完了したら、画面上部の[今すぐバックアップ]ボタンを押して、初回のバックアップを実行しましょう。そのあとは、設定したタイミングで自動的にバックアップが行われます。

●まずは初回のバックアップを実行

070 消えたファイルを復活！"備えあれば憂いなし"の機能とは、これだ❷

必要なファイルをなくしてしまったら、「**ファイルの履歴**」機能の出番です。前項の手順で設定している人のみ、"ファイルを取り戻す"という恩恵を受けることができます。

バックアップからファイルを復元する

この機能は、単純にいえば"設定した時間帯にファイルがコピーされているから、それを取り出せば消えたファイルが戻ってくるよ"というもの。ファイルの内容はコピーされたタイミングに左右されますので、設定によっては復元できない部分もある、ということは覚悟しておいてください。

では、バックアップしておいたドライブから、必要なファイルを復元しましょう。手順は次のとおりです。

❶ [スタート]メニューにある[設定]ボタンを押し、[設定]画面の[更新とセキュリティ]をクリックします。

❷ [更新とセキュリティ]画面の左側で[バックアップ]を選び、[その他のオプション]をクリックします。

❸ 画面下部にある[現在のバックアップからファイルを復元]をクリックします。

● [現在のバックアップからファイルを復元]をクリック

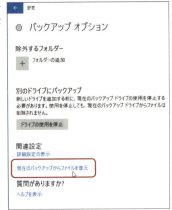

❹ ファイルの履歴画面が表示されます。日時の横にある「8/8」といった数値は何世代目のバックアップであるかを示してます。これは8世代あるうちの8番目、つまり最新のバックアップということになります。

誤って上書き保存をした場合は、それ以前のファイルを復元すれば元の状態に戻せます。また削除したファイルやフォルダーも、削除以前のバックアップの中にあります。画面下の ◀ ▶ ボタンを使って、復元したい世代を表示させましょう。画面上の検索フォームを使って、検索することも可能です。

● 復元したいファイルやフォルダーを探す

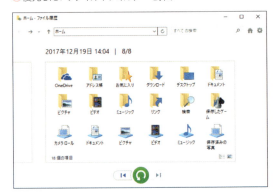

❺ 復元したいものが見つかったら、アイコンをクリックして選択状態にし、画面下の[復元]ボタンを押します。

なお、何も選択しない状態で[復元]ボタンを押すと、その画面に表示されているバックアップファイルがすべて復元されます。

● 復元したいファイルを選択して[復元]ボタンを押す

[復元]ボタン

6 元の場所に同じ名前のファイルやフォルダーが存在している場合、上書きするか、復元を取りやめる（スキップする）か、ファイルの情報を比較するか、の選択肢が表示されます。上書きしたくない場合は、[ファイルの情報を比較する]をクリックしましょう。

●ファイル名に番号が付いた状態で復元される

●上書きしたくないときは[ファイルの情報を比較する]をクリック

7 どちらのファイルを保存するか選択してもよいですが、判断がつかないときは、両方にチェックマークを入れて[続行]ボタンを押しましょう。なお[現在の場所][宛先の場所]の横に表示されるフォルダー名にマウスカーソルを合わせると、保存先となるパスが表示されます。

●両方にチェックマークを入れて[続行]ボタンを押す

Column エクスプローラーで「ファイルの履歴」を呼び出す

　Windows10の「ファイルの履歴」機能を利用していると、バックアップのファイルをエクスプローラーから呼び出すこともできます。

　復元したいファイル・フォルダーが入っていたフォルダーを開き、エクスプローラーのリボンにある[ホーム]タブをクリックして、[履歴]ボタンを押します。するとバックアップファイルの選択画面が開きます。本文での手順と異なり、エクスプローラー画面にある[履歴]ボタンを押すことで、一気にバックアップファイルを表示させるのです。

　慣れてくると、この手順のほうが手早いのですが、誤って必要なファイルを別の内容に上書きしてしまわないように気をつけてください。復元する場所を変えることで、ファイルの上書きを防ぎたい場合は、画面右上の[設定]ボタンを押して、[復元場所の選択]メニューを使いましょう。

●エクスプローラー画面の[履歴]ボタンを押す

●[ファイルの履歴]画面で復元場所の変更も可能

7 ファイルが復元されると、ファイル名に番号が付いたファイルが作成されます。実際にファイルの内容を確認して、必要なファイルのみ残しましょう。

071 『OneDrive』でもファイルの復元ができるって、ホント？

　Microsoftアカウント（34ページ参照）でWindows 10にサインインしていると、**OneDrive**をまるで自分のパソコンのハードディスクのように利用できます。同期していたファイルを誤って削除したとき、OneDriveで復元してみましょう。

OneDriveのサイトにある「ごみ箱」機能

　OneDriveはブラウザー経由でアクセスすることができるのは前述（109ページ参照）したとおりです。

　OneDriveのサイトには「ごみ箱」があり、これはスマホなどで利用する『OneDriveアプリ』でも同様です。私たちがパソコンで使っているローカルディスクの「ごみ箱」と同様（116ページ参照）、"30日を経過すると自動的に削除する"という仕組みです。

　この機能を利用して、削除したファイルを復元してみましょう。

❶OneDriveのサイトで自分のMicrosoftアカウントでサインインしましょう。

●『OneDrive』 https://onedrive.live.com/
　画面右上の［サインイン］をクリック

❷画面左の［ごみ箱］をクリックします。メイン画面に削除したファイルやフォルダーが表示されますのでクリックして選択し、［復元］のボタンを押します。

●［復元］ボタンを押す

完全に削除したあとなら「ファイルの履歴」

　OneDriveのごみ箱にも「ごみ箱を空にする」や「ごみ箱」のメイン画面に［削除］というボタンがあります。これを押すとローカルディスクのごみ箱と同じように、「完全に削除しますか？」のメッセージが表示されます。ここで［削除］を選択するとファイルは完全に消えてしまいます。

　この操作を実行した、もしくはごみ箱に入れてから復元することはできません。

　こういった事態を考えると、「ファイルの履歴」（130ページ参照）でOneDriveをバックアップ対象に設定しておくべきですね。

●［削除］を選ぶとファイルは消えてしまう

「ファイルの履歴」でOneDriveもバックアップ対象にしておけば安心じゃ。

Column 「上書き保存」によるファイルの喪失

　上書き保存とは、その名のとおり「今あるファイルの上からデータを書き込む」という保存方法です。パス（103ページ参照）で説明すると、そのファイルと「まったく同じパスを指定する」ことになります。

　この上書き保存を実行すると、ファイルの内容はそっくり変わってしまいますので、ファイルは二度と元通りにならない、つまり完全に削除されるわけです。

　人間誰しも勘違いをすることがあり、上書き保存による失敗はめずらしくはありません。そこでWindowsでは、同一フォルダーに同一名のファイルをコピーしようとすると警告メッセージを出して確認を促します。ここで「ファイルを置き換える」を選ばなければ、上書き保存は実行されません。Windowsが人為的なミスを水際で防いでいるわけです。

　OneDriveでも、同様の配慮があります。ごみ箱の復元機能を使ったとき、元の場所に同一名のファイルがあると、まず「アイテムが復元されませんでした」と表示されます。そのメッセージをクリックすると、ファイルを「置き換える」か「両方残す」かの選択を促します。同一名のファイルが存在しているときの復元は、上書き保存となる点を重々認識した上で適切な選択をしてください。

●Windows10での上書き保存に対する警告メッセージ

●OneDriveのごみ箱からの復元時での警告メッセージ

Column "同期"と"バックアップ"は別物

　OneDriveを利用していると、自分のパソコンにもインターネット上のストレージにもファイルがある。もしパソコンが壊れても、OneDriveがあるから大丈夫──。こう考えているのなら、ちょっと待った！

　OneDriveは対象フォルダーの内容を自動的に同期してくれますが、これはバックアップではありません。同期とは、ローカル上のファイルが更新されるたびにアップロードし、サーバー上のデータを上書きすることです。それに対してバックアップとは、その時点のファイルの内容をそのまま保存することです。

　同期しているファイルを誤って上書き保存してしまうと、それ以前の状態に戻すことはできません。しかしバックアップをとっておけば、上書き保存をする前の状態のファイルが残っているので、それを使ってファイルを復元することができるのです。

　OneDriveにあるファイルをバックアップしておきたいなら、[ダウンロード]ボタンを押して[名前を付けて保存]画面を出し、外付けハードディスクやUSBメモリなどに保存しておきましょう。

●任意のディスクにダウンロードしておけば、バックアップとなる

「上書き保存」をしてしまうとファイルは二度と元通りにならないから要注意だね。

同期とバックアップの違いもわかったよ！

072 そもそもバックアップって、どういうことか

「パソコンユーザーにとって、ファイルを失わないためにバックアップは常識です！」といわれても、具体的に何をどうすればよいのかわからない——という人は、まずはバックアップの基本から固めていきましょう。

二度と手に入らないファイルはコピーをとっておくと安心

バックアップは難しいことではありません。単純に"オリジナルのファイルが保存されているディスク以外の場所に、コピーをとっておく"ことを指します。

バックアップをとるべきファイルは、基本「自分が作成したファイル」です。仕事のために苦心して作った企画書、日々記録し続けた家計簿、思い出深い家族の写真などのファイルは、消えてしまえば二度と手に入りません。これらのファイルは、万一の事態を考えればバックアップは必須です。

Windowsのシステムやアプリケーションソフトなどは、パソコンが壊れても（費用や手間は掛かっても）再度入手が可能です。そのため、特にバックアップは必要ない（場合によっては必要なこともあります。詳しくは161ページ参照）ということになります。

「送る」機能を使えば、操作は簡単！

バックアップが必要なファイルが決まれば、保存先となるディスクを用意しましょう。

パソコンが壊れて起動しないという最悪の事態を考えると、"パソコンの外"のディスクを選ぶべきです。今や外付けハードディスクやオンラインストレージなどディスクにはさまざまな種類があり、特性も異なります。ファイルの用途によって最適なものを選ぶ必要がありますので、ディスクについては次項で詳しく紹介します。

パソコンの機種によっては、ハードディスクにパーティションを設けて、データファイルの保存場所を用意しているものがあります。エクスプローラーのナビゲーションウィンドウにある「PC」を開いてみましょう。CドライブにはWindowsのシステムファイルが保存されています。Dドライブがあれば、そこがデータファイルを保存してもよい場所です。

ファイルを確実にDドライブにバックアップしたいときは、「送る」機能を使いましょう。ファイルやフォルダーを右クリックすると表示されるコンテキストメニューの中に［送る］という項目があり、そのサブメニューの内容は、使っているパソコンの環境によって異なります。代表的なものとして［ドキュメント］フォルダーや圧縮フォルダー、DVDの書き込みドライブなど、使用頻度が高いと判断された項目があらかじめ用意されています。また、外付けハードディスクやUSBメモリを接続すると、自動的に［送る］メニューに項目が追加されます。

このメニューにDドライブが表示されていないなら、次の手順で追加することができます。

1. 追加したいディスク（ここではDドライブ）にバックアップしたいファイルの保存先となるフォルダー（ここでは「仕事用BackUp」）を作り、ショートカットを作成します。
2. ［スタート］ボタンを右クリックして、［ファイル名を指定して実行］を選択し、入力フォームに次の文字列を入れて［OK］ボタンを押します。

SHELL:SENDTO

●「ファイル名を指定して実行」に入力して［OK］ボタンを押す

3 [SendTo] フォルダーが開きますので、ここに送り先となるフォルダーのショートカットを保存します。

●[SendTo] フォルダーに送り先のショートカットを保存

●サブメニューの項目として追加された

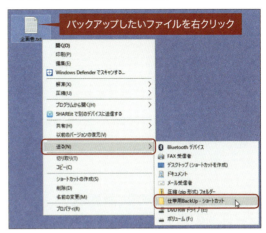

4 これで、サブメニューに送り先のショートカットが追加されました。バックアップしたいファイルを右クリックして確認しましょう。

> フォルダーのショートカットの作り方は簡単！作成したいフォルダーをマウスの右ボタンで選択して、ボタンを押したままちょっとドラッグして手を離すと［ショートカットをここに作成］のメニューが現れるぞ。

Column　iPhoneユーザーが混乱しやすいiTunesの「バックアップ」と「同期」

　iPhoneの機種を変更するとき、これまで保存してきた写真や動画、連絡先のデータそれに愛用しているアプリなどをそっくりそのまま新しいiPhoneに移行したいもの。そのためにはバックアップが必要です。
　iPhoneのバックアップ方法は「オンラインストレージのiCloudを使う」「パソコンに接続してiTunesで行う」の2つがあります。iCloudを使う場合は、iPhone単体で実行できますので、手軽である反面、容量に制限があること（無料で使えるのは5GBまで。それ以上は有料）、アプリによってはデータをバックアップできないものがあるという難点があります。パソコンに接続した場合は、容量はハードディスクに保存できる限りとなりますので、制限はさほど意識しなくても大丈夫。またiTunesでは、iCloudに未対応のアプリのデータも対応できます。

　パソコンが必要とはいえ、iTunesを使うほうが希望どおりのバックアップができそうですが、ここで注意！ iTunesには「同期」という機能があります。これは簡単にいうと「iTunesにあるデータをiPhoneに上書き保存する」というもので、バックアップとは別モノ。このとき優先されるのはiTunesにあるデータのほうだというのがキモです。たとえば"iPhoneで撮影した子どもの写真が本体にはあるけれど、iTunesにはない"状態で同期すると、iPhoneから子どもの写真は消えてしまいます。
　大切なファイルだからパソコンにバックアップしておこうと思ったのに、誤って同期したばっかりにファイルを失ってしまった、という事態にならないように、くれぐれも注意しましょう。

073 がっつりあるファイルをバックアップしたい 〜ハードディスク

大切なファイルをバックアップしたい。でも、どのディスクを選べばよいかわからない。種類が豊富なだけに迷いがちですが、それぞれの特色は押さえて利用したいものです。

まずは大容量のファイルに対応できるハードディスクから紹介します。

大容量バックアップに最適なディスクの大御所

パソコンの使用状況は人それぞれとはいえ、ファイルの数は意外と増えてくるものです。Windows10の持つ「ファイルの履歴」（130ページ参照）を活用するにしても、バックアップ先には大容量に対応できるハードディスクが最適でしょう。

ハードディスクには内蔵型、外付け型、ポータブル型、NAS（ネットワーク対応型）とありますが、ファイルの容量が2TB以上になるなら外付け型が導入しやすく、コストパフォーマンスも高くてお勧めです。パソコンの電源と連動する機能があるものは、一度接続すれば、パソコンに内蔵しているハードディスクと同じように使えます。

ハードディスクの構造から弱点を知ろう

もしもパソコンのハードディスクが壊れてしまったら大変だからバックアップするのに、同じハードディスクを使う、ということに疑問を持つ人がいるかもしれません。パソコンに内蔵しているものも、外付けのものも同じハードディスクですから、衝撃や熱に弱い点は同じです。私たちが日ごろから、壊れにくい使い方をする必要があります。

ハードディスクの内部を見ると、「**プラッター**」と呼ばれるアルミニウムやガラスなどに磁性体を塗布した円盤があります。このプラッタを「**スピンドルモーター**」という駆動部品が1分間に5000回程度という速さで回転させます。それにアームの先端にある「**磁気ヘッド**」が移動しながらデータを書き込んでいきます。このとき、プラッターの表面と磁気ヘッドは直接接触していません。磁気ヘッドはプラッターの回転によってできる空気の層を利用して、わずかに浮いた状態でデータの読み書きを行います。この最中に衝撃を与えると、磁気ヘッドがプラッターに接触して、表面を削ってしまい、記録されたファイルは二度と読み出せなくなります。

●ハードディスクの内部構造

磁気ヘッド
プラッターの表面をなぞってデータの読み書きを行う

アーム

スピンドルモーター
プラッターを一定の速さで回転させる

プラッター
1枚1枚のディスクのこと。ここにファイルを書き込む

こういった構造ですので、内蔵型、外付け型の区別なく、本体を動かすときは必ず電源を落とした状態で行ってください。また、ハードディスクは高速回転をしますので、熱にも弱いものです。直射日光は避けて、風通しのよい場所に設置しましょう。

ハードディスクの寿命は5年程度といわれていますが、私が使っている製品のなかには3年で壊れたもの、8年を過ぎても問題なく使えているものとあり、5年というのは目安と思ってよいでしょう。

単純なことですが、ハードディスクが物理的に故障する前には、内部から異音がすることが多いものです。私が使っていたハードディスクは「キューン」といった金属音のような音が数日続いたあとに動かなくなりました。ふだんは聞かないような音が聞こえてくるようになったら、寿命が近いのかもしれません。早めに別のハードディスクにファイルをバックアップし直しましょう。

074 誰にも変更を許さないファイルのバックアップ〜CD/DVD/BDメディア

　家族の写真や旅行の動画のファイルなど、あとから変更することがなく、長期に保存をしておきたいファイルには、CD/DVD/BDメディアを利用するという選択肢があります。

1回だけ書き込めるタイプを活用する

　バックアップするファイルの総量が、数百〜4GB程度ならCD/DVDメディア、25GB以上になるならBlu-rayディスクといった光メディアにバックアップしてはどうでしょう。なかでもCD-R、DVD-R、BD-Rは書き込みできる回数が"1回のみ（ただし追記は可能）"ですので、いったん保存したファイルを自分で誤って消したり、変更する恐れがありません。

　光メディアの寿命は100年ともいわれていましたが、それは間違い。素材であるポリカーボネートの耐久年数が20〜30年程度ですので、それ以上長くはもたないと思われます。良質のメディアなら直射日光が当たらず、人が快適だと感じる気温・湿度の場所で、記録面にホコリや傷、カビが付かないように保管しておくと5〜8年程度はファイルが保存できると考えられます。一説では正しく保管することで10年は持つ、いや30年程度は大丈夫という話もあります。実際、私が13年前に作成した娘の運動会のビデオDVDは、今も問題なく視聴できています。

光メディアは、今や"主役"ではない

　CD/DVD/BDメディアには、ファイルの書き込みを複数回行えるRWタイプ（CD/DVD-RWやDVD-RAM、BD-REなど）があり、一昔前はバックアップメディアとしてはポピュラーな存在でした。ところが最近は、個人でも扱うデータの容量が増え、またUSBメモリやSDカードが大容量化していることに押されてか、光メディアはさほど注目されていません。

　というのも、ファイルの読み出しには対応する光学ドライブが必要ですし、いくら薄いとはいえ数がかさばれば置き場所に困るなどの"使い勝手の悪さ"があるためです。

　それに光メディアは太陽光に当たると記録面が劣化したり、温度の高い場所に保管するとメディアそのものが変形してドライブに挿入できなくなることがあります。傷やほこりが原因でメディアそのものが認識されなくなることも懸念されます（ただし、光メディアのなかでは一番新しいBlu-rayディスクは例外で、記録面に特殊なコーティングが施されているため、傷や汚れは付きにくいという特徴があります）。

　また低品質な製品は、いったんファイルは書き込めたように見えても読み出すことができない、というトラブルが起きやすいのです。特に海外メーカーは製造技術に問題があり、メディアの外周部の精度が悪いものがあります。データはメディアの内周部から外周部にかけて書き込みますので、外周部の書き込み時にエラーが起きれば記録そのものが強制終了されるため、使いものになりません。

　製品の格差が大きい点は、それだけユーザーに選択する"目"が必要となるわけです。

バックアップのバックアップとしての活用

　利用するには注意点が多い光メディアですが、デスクトップ型パソコンにはCD/DVDドライブを持つ機種も多く、国内有名メーカーのDVD-Rでも1枚数十円という安価さを考えると、まだまだバックアップ用として活用したいものです。

　IT技術の進化により、各記録メディアの性能が上がってきたり、新しい規格が登場したりと、目まぐるしく状況は変わってきます。いずれも一長一短があって、「これなら大丈夫だ」というメディアは決めかねるものです。

　重要なファイルをなくさないためには、たとえば「外付けハードディスクとDVD-R」というように、異なる種類のメディアに複数のバックアップファイルを保存しておくことをお勧めします。

PART 4 これでトラブルが起きても安心！ 知っておきたい、あの手この手べんりな手

075 ファイルを持ち運びできるかたちでバックアップしたい ～フラッシュメモリ

　会社で作成途中だったビジネス文書のファイルを自宅のパソコンで仕上げたいなど、長期保存よりもファイル共有が目的のバックアップなら、コンパクトなUSBメモリ、メモリカード、そしてSSDなどフラッシュメモリを内蔵するものが使いやすいでしょう。

フラッシュメモリゆえの弱点

　ズバリ、USBメモリやメモリカードは、ファイルを長期に保存することには向きません。なぜならファイルを書き込んだ状態で何年も放置していると"自然にファイルが消えてしまう"という現象が起きるからです。

　フラッシュメモリのチップ内部は、多数のセルによって構成されています。セルとは情報を記憶する最小単位であり、量子力学でいう「トンネル効果(薄い絶縁体に高電圧をかけると電子が薄膜を通過する現象)」を使ってデータの書き換えを行います。トランジスタの一種であるセルは、シリコンの基板の上に絶縁体で覆われた浮遊ゲートが重なっているといった構造になっています。この浮遊ゲートの中に電子が"ある"状態を「0」、シリコンの基板から高めの電圧をかけて電子を放出させて電子が"ない"状態を「1」とみなしてデータを保持しています。

　ファイルを何度も書き換えると、浮遊ゲートとシリコンの基板を隔てる絶縁体に電圧をかけ続けることになり、次第に劣化してきます。そうなると浮遊ゲートのなかに電子をためておくことができず、電子が漏れてしまいます。この状態になるとデータを正しく保持できませんので、そのセルは寿命を迎えます。

　セルの書き換えは、5000～1万回が上限だといわれています。そのため特定のセルに書き換えが集中しないように、フラッシュメモリにはOSから要求された書き込み先の場所を調整する機能があり、書き換え回数の少ないセルに優先的に振り替えています。これにより特定のセルに書き換えが集中することを防いでいるのです。

　つまりフラッシュメモリでは、ファイルの書き換え回数の上限はさほど考える必要はないのです。それよりも問題は、ファイルを保存したまま長期に放置する場合です。

　実は通電しない状態でも、トンネル効果によって電子が一定の確率で絶縁体から少しずつすり抜けていきます。そのため長い年月が経過すると、セルが寿命を迎えなくても電子が漏れ出てしまい、その結果ファイルが自然に消滅してしまうのです。

●浮遊ゲートに電子が"ある"か"ない"かでデータを記録する

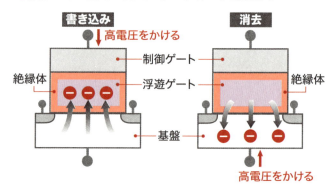

●絶縁体の劣化により、電子が漏れ出てしまう

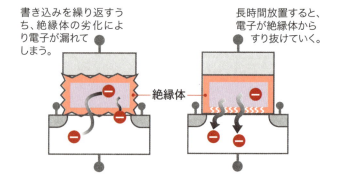

SSDにおける寿命伸ばしの対策

このようにフラッシュメモリには「データの保持期間」という仕様があり、長期保存には向きません。

またデータの記録方式によって、耐久性に違いが出てきます。記憶素子で1ビットを記録する「SLC」なら10万回程度の書き換えができ10年程度、2ビットを記録する「MLC」なら1万回程度の書き換えができ5年程度、3ビットを記録する「TLC」なら500回程度の書き換えができ1年程度が寿命の目安だといわれています。

とはいえSSDに関していえば、近年容量が大きくなってきており、1つのセルへの書き込み回数は分散される傾向にありますので、これによる耐性の問題は軽減してきています。さらに制御チップによる書き込みの均一化（これを「**ウェアレベリング**」と呼びます）など、寿命を伸ばす対策がとられています。

こういった点からすると、フラッシュメモリの寿命は ==ハードディスクと同様、5年程度がメド== のようです。ただしデータの保持期間には温度も関係します。高温であるとデータが消えやすくなりますので、日当たりがよく気温が高くなりがちな場所には置かないように注意しましょう。

Column　USBメモリの取り扱いには要注意

最近のUSBメモリは大容量化が進み、Windows10の「ファイルの履歴（130ページ参照）」でもバックアップ先として指定が可能と、バックアップ用としても注目です。

ですが気になるのは、セキュリティ面です。手のひらに納まるコンパクトなサイズが仇になって紛失しやすいだけでなく、パソコンに挿しっぱなしにしていて、いつの間にか第三者に抜き取られていた、という事態も想定できます。気密性の高いファイルを保存するなら、内容を暗号化するセキュリティロック対応の製品を選びましょう。

また ==USBメモリは、パソコンから正しい手順で取り外さなくてはダメ！== データの書き込みはバックグラウンドで行われますが、特に進捗状況を示すものは表示されません。書き込み中にUSBメモリを抜いてしまっては、ファイルが正しく保存されないだけでなく、故障の原因にもなります。ハードディスクと違って壊れるときに予兆があるわけでなく、突然認識されなくなったり、「フォーマットしてください」とのメッセージしか表示されなくなります。こうなると打つ手がありません。

USBメモリのトラブルは、機器の寿命よりも扱うユーザー側の問題で使えなくなるケースが多いものです。ノートパソコンに挿入したまま移動させて折ってしまったり、接続部分を壊したりして、大事なファイルを失うことがないよう気を付けましょう。

●タスクバーの［ハードウェアを安全に取り出してメディアを取り出す］ボタンを使って取り外そう

Column　ごみ箱が使えるディスク、使えないディスク

USBメモリやSDカード内のファイルをごみ箱に捨てようとすると「このファイルを削除しますか？」との警告メッセージが出て、「はい」と応じると、==ファイルはごみ箱に入らずに、ただちに削除されます。==

Windowsではローカルディスクでは「$Recycle.Bin」フォルダーが生成されます（117ページ参照）が、リムーバブルディスクでは生成されません。そのためUSBメモリなどでは、ごみ箱機能が使えない、というワケです。勘違いしてファイルを自分の手で消してしまわないよう注意しましょう。

076 "壊れる"ことがないバックアップ先 〜クラウドサービス

さまざまな記録メディアがあれど、いずれも"物体"としての寿命や故障が心配……。ならばクラウドを利用すべきですね。

そもそも「クラウド」って、なに？

インターネットのサービスを利用して、さまざまなデータの処理を実現する技術やサービスを総じて「**クラウド**」と呼びます。

インターネットを"雲（cloud）"と称し、必要なファイルやアプリケーションソフトをサーバーに置いておき、ユーザーが必要なときに雲の中から取り出して使う、というのがクラウドのイメージです。

数あるクラウドサービスのなかでも、「**クラウドストレージ**」「**オンラインストレージ**」などと呼ばれるファイルの保管場所を提供するサービスは、ファイルのバックアップ先として大いに活用できます。

OneDrive（109ページ参照）も、クラウドストレージのひとつです。Windows10ではエクスプローラーと融合しているため、まるで自分のパソコンのハードディスクと同じように感じます。しかし実際には、インターネット上に確保された保存場所があり、そこへ私たちが回線を通じてファイルを送っているのです。

なおOneDriveに限らず、クラウドストレージには『**Dropbox**』や『**Googleドライブ**』など、さまざまな種類があります。無料・有料の違いだけでなく、使い方やサービス内容が異なりますので、自分の環境に合ったものを選びましょう。

クラウドストレージの良い点、悪い点

クラウドストレージの利点はいろいろあります。まずインターネットに接続している環境なら会員登録をすることで、すぐに利用できること。ハードディスクやUSBメモリのようにショップで製品を買う必要はないのです。

それに物理的な存在ではありませんので、たとえば家が火事になって==パソコン一式が使えない状態になったとしても、ファイルは無傷==です。パソコン、スマホ、タブレットなどインターネットに接続できる別の機器があれば、再びファイルを手にすることができます。

ただし、サービスの内容が変更になったり終了した場合は、対処しなければなりません。たとえば（本書執筆時点では）「無料で5GBまで」使えることで落ち着いているOneDriveですが、実は30GBまで使えていた時期がありました。これが2016年に5GBに変更になったのですが、その時に5GB以上のファイルを保存していたユーザーへの通知内容がスゴかった！ 最初の通知メールが来てから90日後にコンテンツが読み取り専用となり、9か月が経過するとアカウントが凍結され、未対応のまま3か月が過ぎるとOneDriveが削除される、というものだったのです。このように==サービス側の都合によって、大切なファイルを消される事態も起こりえます==。

そして==最大の難点は、セキュリティ上のリスク==です。多くのサービスがIDとパスワードで管理するようになっていますので、それらの情報を第三者に知らせてしまうと、簡単にファイルを奪われてしまいます。

また、万が一にサービスを提供している側でトラブルが生じた場合は、成すすべがありません。最悪サーバーが故障して、ファイルにアクセスできなくなる事態も考えられます。

たとえるなら、クラウドストレージは銀行のような存在です。信頼して大切なお金を預けていたのに、倒産など大きな問題が起きて、銀行からお金を引き出せなくなる可能性がゼロではない、ということと同じなのです。

サービスとしての新しさや利便性の高さはあるとはいえ、クラウドストレージも万全ではありません。リスク回避のために、別のクラウドストレージにもファイルを保存しておくか、外付けハードディスクやUSBメモリ、CD/DVD/BDメディアなどを併用するなど、自己防衛をしておきましょう。

Column 『iCloud』に『Googleフォト』、スマホユーザーには見逃せない便利なサービス

最近はデジカメではなく、スマホで写真撮影をしている人をよく見かけます。街の様子やレストランの料理など、ちょっとしたものを撮影してはSNSに投稿したり、アルバムを作成して楽しんでいる人は多いでしょう。

そんなスマホの使い方をしているときに気になるのが、保存できるファイルの容量です。パソコンに比べると本体で保存できる容量がグッと少ないスマホでは、クラウドストレージの活用が一番お手軽です。

iPhoneユーザーなら『iCloud』が5GBまでは無料で利用できます。50GBまでなら月額130円（税込）というリーズナブルな有料プランもあります（2018年1月現在）。iPhoneの設定画面で「iCloudフォトライブラリ」を有効にすると、本体に保存されている写真・動画ファイルがすべてクラウド上に保存されます。これにより、もし本体が壊れても大切な写真・動画はバックアップされているので安心です。また、これらのファイルはWindowsパソコンでも共有できます。まずパソコンで『Windows用iCloud』をダウンロードしてセットアップし、AppleIDを使ってiCloudにサインインします。「写真」をオンにすると、「iCloudフォト」という名前の写真用フォルダーが作成されます。iCloudの写真共有機能を使えば、特定の人と写真や動画を共有したり、コメントを投稿することもできて便利です。

この他に『Googleフォト』も人気の高いサービスです。「高品質」と称される設定（品質を保ちながらであるが圧縮される）を選べば、無料ながら容量制限なしで利用できます。条件付きとはいえ、一般の人がスマホやパソコンなどで楽しむのに十分な画質です。ただしクラウド上から写真や動画を削除すると、端末からも削除されます。つまりGoogleフォトと端末のフォルダーは同期しており、同期元となるのはGoogleフォト側なのです。この点を認識せず、Googleフォトにあるゴミ箱機能を使ってファイルを削除すると「パソコンのハードディスクに残しておきたかったファイルも消えてしまった」という事態が起きますので、削除時のメッセージには、よ～く考えてから応じてくださいね。

● Windows用iCloudをダウンロードする
https://support.apple.com/ja-jp/HT204283

ファイルのバックアップや共有にとても便利ね。

サービス内容の変更やセキュリティ、同期の方式には注意じゃ！

PART 4 これでトラブルが起きても安心！知っておきたい、あの手この手べんりな手

077 パソコンの動作が遅くなるのは、老朽化しているからなのか？

　どんな高性能パソコンでも、使い続けていると次第に動作が遅くなってきます。そんなとき「パソコンが古くなってきたから仕方ない」とあきらめていませんか？

　パソコンは老朽化するわけではありません。動作が遅くなる要因は、パソコンの仕組みがわかってくると見当がついてきますし、それに応じた対処をすれば改善できるのです。

　パソコンを若返らせる――、いやいやメンテナンスの方法をマスターしていきましょう。

ファイルを作り続けた結果のこと

　パソコンを使うということは、何かしらのファイルを作成することです。ほとんどの場合、ファイルはハードディスク（もしくはSSD）に書き込まれます。どのように書き込まれていくかは次項に譲りますが、簡単にいうと新品のときは順序よくファイルが書き込まれるのに、ファイルの保存や削除を繰り返すことで"空き"の部分がバラバラにできてしまいます。そこに新たなファイルが分割されて書き込まれていくのです。これを「フラグメンテーション」、日本語では「断片化」と呼びます。

　異なる場所にバラバラに書き込まれたデータを集めてファイルを読み出すためには、ハードディスクのあちらこちらを行ったり来たりすることになります。ちょうど本棚にシリーズ本を第1巻から100巻までをきれいに並べているのと、順不同であちこちに置いているのとを比べると、必要な巻を取り出すのに後者のほうが探す時間が多く掛かってしまいます。それと同じ現象がハードディスクで起こってしまい、パソコンの動作が遅くなるというわけです。

　これを解決するために、Windows10にはドライブの「最適化」（147ページ参照）機能が搭載されています。

フラグメンテーションを本棚に例えると…

新しいアプリケーションソフトを追加した？

　今やアプリケーションソフトはインターネットから手軽に入手できる時代。無料のものも多く、いろいろ試したくなります。ところが新規に追加したものが、パソコン内部でトラブルを起こしていることがあります。

　アプリケーションソフトをインストールすると、さまざまな設定情報がWindowsの内部設定を司る「レジストリ」（104ページ参照）と呼ばれるものに書き込みます。

　レジストリとは、Windowsのあらゆる設定を記録した重要なデータベースです。インストールしたアプリケーションソフトの設定やユーザー固有の設定内容、接続している周辺機器の設定など、すべての情報が記録されています。Windowsは起動するたびにレジストリにアクセスして、そこにある設定を読み出し

ています。このレジストリがなくては、Windowsは成り立ちません。つまり<mark>レジストリはWindowsの中枢、いわば"核"と呼べる重要な存在</mark>なのです。

このレジストリに書き込まれている情報に何らかの問題が生じることがあります。新しく追加したアプリケーションソフトがエラーを起こしているのならアンインストールすれば解決しそうに思えますが、設定情報やファイルの一部が残ってしまうことがあります。それが重なるとパソコンの調子は次第に悪くなっていきます。

レジストリを操作することで解決する方法はありますが、これは慎重さを要する操作です。通常は「システムの復元」機能(158ページ参照)を使って、問題のアプリケーションソフトをインストールする前の状態にシステムを戻してやることになります。

今の設定は、自分にとってベストなものか?

パソコンの使い方は十人十色です。よく使うアプリケーションソフトも違えば、使っている周辺機器もさまざま。パソコンを快適に使うためには、あらゆる設定が自分の使い方に合っていることがベストです。

Windows10はユーザーの使い方に合わせて変更できる設定が数多くあります。標準設定が必ずしも自分に合っているとは限りません。もしかしたら、あなたにとって余分な動作をしている部分があるかもしれません。不要な機能をオフにするなど、チューニングを行いましょう。

急な変化は、ウイルス感染の疑い

急にパソコンの調子が悪くなったり、動作が極端に遅くなったときは、<mark>ウイルスに感染した可能性</mark>があります。

最近はパソコン自体を乗っ取って遠隔操作をするもの、クレジットカード情報などを盗む**スパイウェア**などが横行しています。悪意のあるアプリケーションソフトがバックグラウンドで勝手に動いているために、パソコンが遅くなるということがあるのです。

素性のわからないメールを開封した、あやしいフリーソフトをインストールしたなど、心当たりがある場合は、すぐにインターネット回線の接続を切って適切な対処(詳細は169ページ参照)をしましょう。

078 ハードディスクの断片化は気にしなくてもよいって、ホント?

　長く使い続けてきたパソコンでは、ハードディスクの状態が新品のころとは変わってきます。それが原因でパソコンの動きが遅くなるため、Windows10はそれに対処するための機能を備えています。

　ユーザーが自身でハードディスクのメンテナンスを行わなくても、いつまでもパソコンを快適に使えることは歓迎ですが、どういった仕組みであるかは知っておきましょう。

ハードディスクのなかで起きていること

　ファイルの保存場所となるハードディスクは、Part1で机の引き出しのようなモノ(10ページ参照)と説明しました。ここでは、その引き出しに、どういうふうにデータが格納されていくのか、お話ししましょう。

　引き出しの中は、番号の付いた小さな間仕切りが複数あり、それぞれのエリアに番号が振られています。新品の状態であれば、どのエリアも空の状態です。ファイルはデータの固まりですが、サイズによってはひとつのエリアにすべてのデータが納まらず、複数のエリアに分散されて入っていきます。

　ハードディスクが新品のときは、各エリアに順序よくデータが入っていきます。「ファイルAは1番から7番まで」「ファイルBは8番から15番まで」「ファイルCは16番から23番まで」という具合に順番に格納されていく、というイメージです。通し番号の付いたエリアの最後の番号まで使い切るまで、これが繰り返されます。

　そしてファイルが削除されると、そのデータが入っていたエリアが空き状態になります。たとえばファイルAとCを削除すると1番から7番までと16番から23番までのエリアは空になりますが、ファイルBは削除していませんので、8番から15番まではデータが入っています。

　この状態で新たにエリアが10個必要なファイルDを作成すると、空いている1番から7番と16番から19番までのエリアにデータを分散して入れることになります。このためファイルDを開くときには、分散したエリアからデータを読み出しますので、通し番号のエリアに固まっていたファイルよりも時間が掛かってしまうのです。

　このようにハードディスク内の不連続エリアにファイルが保存された状態を「断片化」または「フラグメンテーション(fragmentation)」と呼びます。断片化が進むと、ファイルの読み出しに時間が掛かりますので、パソコンの動作は新品の頃に比べると遅くなる、というわけです。

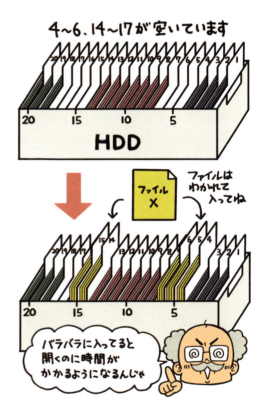

散らばったものをキレイに並び替えるドライブの「最適化」機能

　パソコンを使えば使うほど、ハードディスクの断片化は進んでいきます。でも、心配はご無用!

Windows10には"分散しているエリアに保存されているデータを整理整頓して、できるだけ連続したエリアに移動させる"という「**ドライブの最適化（デフラグ）**」機能があり、自動的に実行しています。毎週水曜日の午前1時に行われるように初期設定されています（その時間帯にパソコンの電源が入っていなければ、次の起動時のアイドル時間に実行されます）ので、ユーザーが特に意識しなくても、週に一度はハードディスクの状態は改善されています。

とはいえ、パソコンの使い方によっては、週に一度の最適化では間に合わない場合もあるでしょう。使っているドライブが、どれくらい断片化が進んでいるかを調べたり、手動で最適化を行うことは可能です。

まずは次の手順で、分析を実行してみましょう。

1 タスクバーにあるフォルダーアイコンをクリックしてエクスプローラーを開きます。

2 ナビゲーションウィンドウで「PC」を選びます。[デバイスとドライブ]に表示されるドライブのうちどれか1つをクリックして、リボンの[ドライブツール]タブを開き、[最適化]ボタンを押します。

● [最適化] ボタンを押す

3 [ドライブの最適化] 画面が開きますので、断片化を確認したいドライブをクリックして選択し[分析] ボタンを押します。

● ドライブを選んで [分析] ボタンを押す

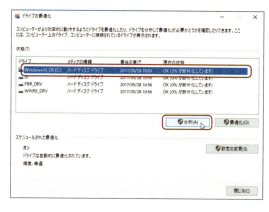

4 分析が完了したら [現在の状態] を確認しましょう。

分析の結果、[現在の状態] が「OK」との表示なら、何もしなくて大丈夫です。「最適化が必要です」と表示されたら、手動で最適化を行うべきですが、その前に余分なファイルの整理をして、パソコンを使わない時間帯に [最適化] ボタンを押しましょう。ちょうど部屋の模様替えをするようなイメージで、余分なものがあったり、整頓中にモノを動かしたりすると作業がスムーズに進みません。

なおハードディスクの容量によっては、完了するまで長時間が必要な場合もあります。

> **Column** ストレージセンサー機能でスッキリ
>
> ディスクの空き容量が減ってきたとき、「**ディスクのクリーンアップ**」機能を使ってちょこちょこ掃除をしていた私には、「**ストレージセンサー**」機能にはちょっと驚きです。
>
> [設定] 画面の [システム] にある [ストレージ] を選び、「ストレージセンサー」をオンにしておくと、自動的に不要なファイルを削除してくれます。対象になるのは、30日以上ごみ箱に入れたままのもの、マイアプリで使用されていない一時ファイル、さらに30日以上変更されていないダウンロードフォルダーのファイルやWindowsの以前のバージョンを削除することも可能です。
>
> 便利ではありますが、ごみ箱を一時的なファイルの置き場にしている人は、要注意ですね。

079 ドライブの最適化は自分でコントロールしたい

ハードディスクやSSDのメンテナンス機能であるドライブの「最適化」は、まるで定期的に家政婦さんに掃除をしてもらっているようです。とはいえ「Windowsにまかせっぱなしでは心配だ」という人もいるでしょう。

自分自身で、最適化の実行をコントロールすることも可能です。

過度な最適化はドライブの寿命を短くする?

ハードディスクの仕組みを知ると、ファイルの書き込み頻度が多くなればなるほど寿命が短くなることに気づきます。ドライブの「最適化」機能は、ハードディスク内のデータを移し替えることで整理していきますので、大量のデータの書き込みと削除を行うことになります。

そのため「ハードディスクの物理的な寿命を縮めてしまうので、最適化は頻繁に実行してはいけない」という説があります。確かに一理ありますが、断片化したハードディスクでは、データを拾い集める読み取りヘッドの動作が多くなります。そのためヘッドを支えているアームを動かすモーターに負荷が掛かり、これによる発熱がハードディスクに悪影響を及ぼします。これが誘因となり、故障へつながる懸念のほうが大きいと製造メーカーなどは見ています。

やはりハードディスクの断片化は、極力防ぎたいものです。

最適化を実行するタイミングを変更したい

最適化は必要であるとはいえ、Windows10の初期設定である「毎週」でなくとも月に1回、もしくは無効にして必要に応じて手動で行ったほうが、ハードディスクには優しいのかもしれません。

最適化の無効もしくは実行スケジュールの変更は次の手順で行えます。

1 タスクバーにあるフォルダーアイコンをクリックしてエクスプローラーを開きます。

2 ナビゲーションウィンドウで「PC」を選びます。[デバイスとドライブ]に表示されるドライブのうちどれか1つをクリックして、リボンの[ドライブツール]タブを開き、[最適化]ボタンを押します。

3 [ドライブの最適化]画面が開きますので、[設定の変更]ボタンを押します。

● [設定の変更]ボタンを押す

4 無効にしたい場合は[スケジュールに従って実行する]のチェックマークを外します。

5 スケジュール設定を変更したいときは、[頻度]のプルダウンメニューから「毎日」もしくは「毎月」を選択、実行するドライブを指定したい場合は[ドライブ]の[選択]ボタンを押して、開く画面で設定したいドライブのみチェックマークを入れておきます。

6 すべて設定できたら[OK]ボタンを押します。

> パソコンの使用頻度が高くない場合は、スケジュールを見直したり、必要に応じて手動で行うように変更しよう。

● スケジュールを設定する

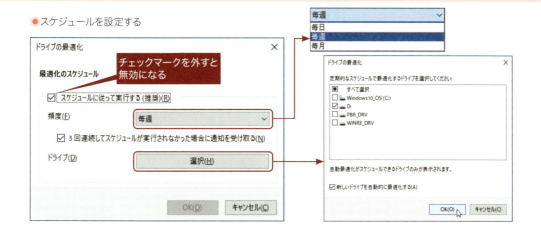

チェックマークを外すと無効になる

Column　SSDは最適化するべきか、否か？

　使っているパソコンがハードディスクではなく**SSD**を搭載している場合は、事情が異なります。ハードディスクとSSDはファイルを書き込む仕組みが違いますので、最適化も同じ方法では行いません。Windows10では**Trim（トリム）コマンド**を実装しており、SSDと認識した場合に実行されます。

　まず、SSDにおけるファイルの書き込みについて説明しましょう。SSDの内部にはハードディスクのような磁気ヘッドや磁気ディスクといった可動部品はなく、NAND型フラッシュメモリを記憶媒体とします。構造としてメモリチップ、キャッシュメモリ、コントローラーチップと単純なものとなっており、データの転送を高速に行うため、メモリチップを並列に読み書きする仕組みです。

　ハードディスクと違って、特定のエリア（「**セル**」と呼びます）に記録を集中しない「**ウェアレベリング機能**」が働きますので、データを連続したエリアに記録しにくい点があります。データが分散することにはなりますが、SSDの場合は電気的なアクセスなので断片化はさほど問題にはなりません。それよりも、セルに書き換え回数の上限があるため、それを回避するほうが重要なのです。

　SSDにおけるファイルの削除を簡単に説明します。ユーザーがごみ箱で「ファイルを空にする（消去）」を行っても、記録するエリアに削除したというマークが付くだけでデータは残ったままです。次のファイルが書き込まれるときに消去が行われ、それから新たなデータが書き込まれるという手順になります。

　Trimコマンドが実行されると、ごみ箱で「ファイルを空にする」が行われたことがSSDのコントローラーに伝わり、この時点でデータの消去が行われます。そのため次のファイルは余分な待ち時間が発生することなく、ただちに書き込めることになります。つまり、Trimコマンドは不要なファイルだという情報をあらかじめSSDに伝えるもので、これにより書き込み速度が遅くならないようにしてくれるのです。

　Windows10がSSDと認識しているか否かは、**[ドライブの最適化]**画面で確認できます。エクスプローラーで「PC」を開き、任意のドライブをクリックして選択し、リボンの［ドライブツール］を開いて［最適化］ボタンを押します。メディアの種類が「ソリッドステートドライブ」と表示されます。最適化を行うと「○％トリム済み」とTrimコマンドが実行されていることがわかります。

　パソコンの動作速度が低下しないように、SSDにおいてもハードディスクと同様、自動的に最適化が実行されるようにスケジュールを設定しておくか、適時に手動で実行するようにしましょう。

● SSDと認識されるとTrimコマンドが実行される

080 Windows10は「メンテナンス不要」という噂だけど、ホント?

パソコンは日頃からメンテナンスをしておけば、機械的に壊れるまで快適に使い続けることができるはず。といっても「そのメンテナンスの手間がねぇ〜」という声に応えて、Windows10には自動メンテナンス機能が搭載されています。

パソコンの持ち主が知らない間にチャチャっとやってくれて便利——、とはいえパソコンの動作に関わる部分ですので、どのように実行されているかは知っておくべきでしょう。

『自動メンテナンス』機能って、どんなもの?

Windows10の『**自動メンテナンス**』機能は、ソフトウェア更新、セキュリティスキャン、システム診断といったことを、設定している時間に実行してくれます。

ただし、このメンテナンスは"ユーザーがパソコンを操作していないとき"に実行されるもので、その時間帯に何らかの操作をしていたり、パソコンに電源が入っていなければ実行されません。

初期設定では午前2時に行われるようになっていますので、個人ユーザーの多くはパソコンの電源を落としているでしょう。そうすると、パソコンを使おうと電源を入れたときにメンテナンスが行われます。何も操作をしないアイドル時間に実行されるとはいえ、タイミングが悪ければパソコンの動作が遅くなります。

メンテナンスの時間はWindowsに任せず、自分のスケジュールに合わせた設定にしておきましょう。自動メンテナンス機能が動作するのは数十分程度といわれており、たとえば夕食時間や就寝前などの時間帯に設定しておくとよいでしょう。

設定変更の手順は、次のとおりです。

1. [スタート]ボタンを押して表示されるメニューの中から[Windowsシステムツール]にある[コントロールパネル]をクリックします。
2. [システムとセキュリティ]の[コンピュータの状態を確認]をクリックします。

● [コンピュータの状態を確認]をクリック

3. 画面中央の[メンテナンス]をクリックすると画面下に詳細が表示されるので、[自動メンテナンス]の[メンテナンス設定の変更]をクリックします。

● [メンテナンス設定の変更]をクリック

4. [自動メンテナンス]画面で[メンテナンスタスクの実行時刻]を夕食の時間帯など、パソコンを使用しない時間に変更しましょう。

この画面の[スケジュールされたメンテナンスによるコンピュータのスリープ解除を許可する]にチェックマークを入れておくと、スリープ状態になっていても、設定時刻になると自動的に解除されてメンテナンスが行われます。必要なければチェックマークを外しておきましょう。

なお、自動メンテナンスを無効にすることはできま

●パソコンを使用しない時間に変更しよう

せん。ただしメンテナンスが実行されているときに停止することは可能です。パソコンの操作中にメンテナンスが行われ、それが要因で動作が重いと感じるのなら、[セキュリティとメンテナンス]画面の[自動メンテナンス]にある[メンテナンスの停止]をクリックしましょう。

●自動メンテナンス中に停止することはできる

Column　意外と大事だった"スリープ解除の許可"設定

　自動メンテナンスにおいて、初期設定では[スケジュールされたメンテナンスによるコンピュータのスリープ解除を許可する]が有効になっています。さらに実行時間が深夜2時の設定ですから、パソコンの電源を落とさず就寝している私は、ちょっと怖い思いをしました。

　夜中に眠っていると、いきなりパソコンが動き出し、真っ暗な中でディスプレイがサーチライトのように部屋を照らし始めるのです。それに驚いて飛び起きて、とりあえずディスプレイのスイッチを切る、ということを幾夜も繰り返していました。電源系統が壊れたのか、修理に出さないとダメなのか、いやいや姿の見えない誰かが丑三つ時に現れて、パソコンの電源ボタンを押しているのか……。

　数日後、Windows10のこの設定に気づいて「な〜んだ」とあきれながらも、ほっと胸をなでおろした次第です（驚かすなよ、Windows10！）

Column　悩ましいかな、コントロールパネルと設定アプリ

　長いWindowsの歴史のなか、Windowsの設定関連はすべてコントロールパネルで行うようになっていました。それがWindows10では「設定」アプリが登場し、大きなWindows Updateが掛かるタイミングで、あらゆる設定方法が徐々に変わってきています。

　特にユーザーを戸惑わせているのが、コントロールパネルの扱いです。新しい機能は[設定]画面に表示されていますが、機能によってはコントロールパネルにリンクされています。またコントロールパネルでしか設定できないものもあります。

　その状況でありながら、2017年4月の『Creators Update』で[スタート]ボタンを右クリックして表示するクイックアクセスメニューからコントロールパネルの項目が消えてしまいました。このためコントロールパネルを開くには、Cortana（126ページ参照）で検索するか、[スタート]ボタンを押して表示されるメニューの中から[Windowsシステムツール]にある[コントロールパネル]を選択するか、という手順になっています。

　これでは手間だと感じるのなら、コントロールパネルをデスクトップアイコンとして表示する（68ページ参照）か、「神モード」（33ページ参照）を活用しましょう。

　今後は「設定」アプリが主体となり、コントロールパネルはあまり使わないようになっていくのかもしれません。過渡期とはいえ、この状況はユーザーとしてあまり歓迎できるものではありませんね。

081 問題を起こしているアプリの対処法を知りたい

ファイルを作成するためには、必ず必要になるのがアプリケーションソフトです。Windows10では2種類のアプリケーションソフト（60ページ参照）がありますが、特に違いを意識する必要はありません。問題を起こしたときは、同じ対処法で解決しましょう。

勝手に動いて、パソコンを遅くしているのは？

Windows10が起動したとき一緒に起動して、ず～っと動き続けるものを「**常駐アプリケーションソフト**」と呼びます。何もしなくても自動的に起動しますし、バックグラウンドで動くものはパソコンの持ち主ですら認識していない、ということもめずらしくありません。パソコンの動作が遅いと感じるとき、不要な常駐アプリケーションソフトを止めると意外と改善できることがあります。

まずは、自分のパソコンで何が常駐しているのか、タスクマネージャーで確認してみましょう。

1. タスクバーの検索ボックスで「タスクマネージャー」と入力するか、Ctrl＋Shift＋Escキーを押してタスクマネージャーを起動します。
2. 最初は簡易画面が開きますが、[詳細]をクリックして詳細表示に切り替えて、[スタートアップ]タブを開きます。ここに表示されるのが、常駐アプリケーションソフトです。

●簡易版のタスクマネージャー

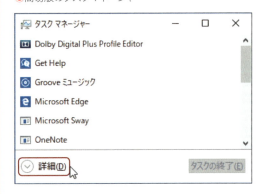

●詳細表示で[スタートアップ]タブを開く

スタートアップに登録されている内容は、パソコンによって異なります。「アプリ名を見ても、よく知らないものだから全部無効にしちゃえ」と安易に考えてはダメ。素性がハッキリしていて必要ないもの（特にメーカー製パソコンの場合は、いろいろ登録があります）に限って、一覧から選んで画面右下の[無効にする]ボタンを押しましょう。

なお、無効にしてはいけないものは、システム関係のもの（名前に「Windows」や「Drive」が付いている場合が多い）とウイルス対策ソフトです。Windows10付属のものは『**Windows Defender**』（169ページ参照）ですので、これを利用している場合は必ず有効にしておきましょう。

●不要なものは「無効」にしよう

特定のアプリケーションソフトが固まった!

作業中にアプリケーションソフトの画面が固まったように動かなくなることがあります。タスクバーや[スタート]メニューなどは問題なく操作できるのに、なぜか作業画面だけはマウスクリックを受け付けない。そんなときは、タスクマネージャーを起動して[詳細]タブを開いてみましょう。

[状態]が「応答なし」と表示されていたら、アプリケーションソフトをクリックして選択し、画面下の[タスクの終了]ボタンを押します。これで問題の起きていたアプリケーションソフトが強制終了します。よほどのトラブルが起きていない限り、再度起動すれば通常どおり操作することができます。ただし「タスクの終了」を実行するまでに保存していなかったデータは、残念ながら消えてしまいます。

● 応答しないアプリケーションソフトのみを終了することができる

アプリの画面が固まったら Ctrl + Shift + Esc キーを押してタスクマネージャを起動じゃ!

Column 動作が遅くなったスマホは、アプリの起動しすぎが原因なのかも?

スマホで複数のアプリを利用するのは当たり前の時代。2017年のGoogle社の実態調査によると日本のスマホユーザーがインストールするアプリの平均数は36個、1日当たり6個のアプリを利用しているとか。

スマホのアプリの場合、パソコンに比べると「使い終わったあとは終了する」という意識が薄いものです。私も気の向くままに次々とアプリを開いていきます。これを繰り返していると、いつしかスマホの動きが遅くなってきます。やがてバッテリーの減り具合が早くなってしまい、「あれ? 何かおかしい」と気づく始末です。スマホでも複数のアプリを起動したままでは、トラブルの素です。人によっては「ウイルスに感染したから動作が悪くなった!」と勘違いすることも。そんな事態にならないように、日頃から不要なアプリは終了する習慣を持ちましょう。

iPhoneならばホームボタンを2度クリックして「マルチタスク画面(複数のアプリ画面が同時に表示されます)」を開き、使わないアプリの画面を上部にスワイプすれば終了します。あまりにたくさんのアプリが起動しているなら、複数の指で同時にスワイプすると早く処理できます。

Androidスマホなら、ホーム画面下部のナビゲーションバーの右にある「マルチタスクメニュー」アイコンをタップして、起動しているアプリを一覧表示させます。終了したいアプリを左右いずれかにスワイプしてください。また画面下の「全アプリ終了」を押すと、すべてのアプリが終了します(※註 OSのバージョンによっては手順が異なる場合があります)。

● iPhoneのマルチタスク画面を開いて、不要なアプリを終了させよう

082 絶体絶命！パソコンが起動しないときは、どこから確認すればいいのか？

いよいよパソコンを使っていて、一番困ってしまうときのお話をします。電源ボタンを押しても、パソコンが反応しないときは、一体どこから確認したらよいのでしょうか？

トラブルが起きているのは、ハードウェア？それともソフトウェア？

パソコンはハードウェアとソフトウェアで成り立っています（8ページ参照）。今、パソコンが動かなくなっているのは、どちらに問題が起きているためか？まずはそこから見極めましょう。

ハードウェアのトラブル、つまり機械的な故障ならば部品の交換が必要となり、あなたの手には負えないかもしれません。この場合は、メーカーなどに修理を依頼することになります。保証期間が切れているなら、有償での修理となります。

一方、ハードウェアには問題がなくソフトウェア、つまりはWindowsに問題が生じているのなら、自分で解決できるかもしれません。この点はパソコンの仕組みやWindows10が持つ機能を知っていれば、対処法がわかってきます。

絶体絶命のピンチが訪れたときこそ、パソコンの知識は役立つもの。ここは落ち着いて、パソコンに何が起きているかを順序だててチェックしていきましょう。

ハードウェアからチェックしていく

まずは機械的なトラブルが起きていないかを調べてみましょう。基本的な部分から、一つずつチェックしてください。

電源ケーブルは正しくつながっているか

パソコン本体につながっている電源ケーブルをチェックしましょう。正しくコンセントにつながっていますか？ディスプレイとパソコン本体の接続、そしてディスプレイの電源はオンの状態であるかを確認してください。

なお、電源タップを使っている場合は、いったん外して、壁のコンセントに直接電源ケーブルを接続してみてください。電源タップのスイッチが入っていなかったり、故障していることもありますので、注意しましょう。

電源ランプは点灯するか

電源ボタンを押してもWindowsが起動しないなら、本体の電源ランプが点灯しているか確認します。点灯していないなら、電源装置が故障している可能性があります。

残念ながら、電源装置の故障は交換でなければ改善できません。迷わずメーカーに修理を依頼しましょう。

ディスプレイの異常ではないか

電源ランプが点灯するのに、なにも画面に映らないときは、ディスプレイに問題があるかもしれません。正しく起動する別のパソコンがあれば、それを使っているディスプレイに接続してみましょう。ディスプレイ自体に問題がなければ、パソコン側の問題です。

本体からビープ音が聞こえないか

ディスプレイは正常なのに、画面は真っ暗な状態のまま。パソコン本体から「ピー、ピー、ピー」といった聞き慣れない音が鳴っているのなら、それは「ビープ音」による故障発生のメッセージです。

ビープ音とは、起動時に起きたトラブルをディスプレイに表示できないとき、パソコン内部にある「マザーボード」という部品が発する音です。鳴り方によって起きているトラブルの内容を知らせます。たとえば「ビー、ピッ、ピッと鳴ったら、それはメモリの接点不良」というように、鳴り方のパターンによって、どのようなトラブルを示しているのか決まっています。

ビープ音の種類はマザーボードによって内容が異なるため、パソコンまたはマザーボードのマニュアル、

もしくは製造メーカーのWebサイトで確認してください。トラブルの原因がハッキリすれば、どの部分を確認・対処すべきかが明確になります。

メモリの装着が甘くないか

ビープ音すら鳴らない場合は、直前にメモリの増設や交換をしていませんでしたか？　もしメモリを触っていたのなら、正しく装着されていない可能性があります。装着の仕方が甘いかもしれませんので、一度外して、再度、装着しなおしてみましょう。

CPUが故障した可能性

メモリに異常がなければ、CPUが故障したのかもしれません。CPUはパソコンの中枢（12ページ参照）ですので、これが故障すると致命的です。私も一度経験がありますが、CPUが故障するときは何の予兆もなく、いきなりパソコンが起動しなくなります。

CPUの故障の原因は熱暴走などが考えられます。日頃から温度が上がりやすい場所にパソコンを置かない、通気口をふさがないなどの注意が必要です。

自分でCPUを交換できるほどの知識がなければ、メーカーに修理を依頼することになります。CPUはパーツのなかでも高価なものですので、有償での修理なら、かなりの修理代が掛かるでしょう。もしかしたらパソコンを買い替えたほうが、安上がりかもしれません。

英語のエラーメッセージが出ている

パソコンに電源は入るが、ディスプレイに英語のエラーメッセージが出てWindowsが起動しない場合、メモリやハードディスクなどのハードウェアの故障が考えられます。メッセージをよく読んで、対処が難しいようなら、メーカーに修理を依頼しましょう。

周辺機器が原因ではないか

電源が入っているのにディスプレイが暗い画面のままというときは、いったん電源を落として、パソコンに接続しているすべての周辺機器を取り外してください。マウスとキーボードだけを接続して電源ボタンを押してみましょう。

Windowsが起動するのであれば、接続していた機器に問題があったと思われます。Windowsが起動した状態で再接続をし、正常に使えるのであれば、必要なときのみパソコンにつなぐようにしましょう。

マウスとキーボードだけで電源を入れても改善されないのであれば、ハードウェアのトラブルがどこかに起きています。

ハードウェアの確認作業がすべて終わり、Windowsが起動しなければメーカーに修理を依頼してください。Windowsが起動しても動作が安定しないときは、ソフトウェアの問題ですので、次項で紹介するWindows10の回復へと進みましょう。

> **Column　タブレットが起動しない**
>
> 久しぶりにタブレットを使おうと、電源をオンにしたけど動かないことがあります。タブレットやスマホを長期間放置していると、放電してバッテリー切れを起こすことがあります。まずは専用ケーブルと充電器を接続してみましょう。
>
> このとき、たとえばiPadなのにiPhoneの充電器を使うなど、他の機器のもので代用するのはご法度です。充電がなかなか進まなかったり、バッテリーにトラブルが起きる可能性があります。

PART 4　これでトラブルが起きても安心！知っておきたい、あの手この手べんりな手

083 Windows10が起動できない状態になっている！どうすればいいのか？

パソコン本体には電源が入るのだけど、Windowsが正常に起動しないとき、機械的な故障でなければWindowsに起きている問題を解決しなくてはなりません。そのとき、どういった手法があるのかを知らないでは、打つ手が見えてこないでしょう。

Windows10にはトラブルを修復する機能がありますので、それをどのように使っていくかを紹介していきます。

ディスプレイ画面が真っ暗なまま

いきなりWindowsが起動しないというトラブルに遭遇したとき、まず考えなくてはいけないのが、「重要なファイルを救出できるか？」という点です。バックアップが完全であれば、ただちにパソコンを工場出荷の状態まで戻して問題はありません。しかし大半の人がバックアップをしていないファイルがあったり、カスタマイズを重ねて構築した使いやすい環境を手放したくないなど、"元の状態に戻したい"と願うものです。

ならば、ディスプレイが真っ暗な状態から、まず脱出しなくてはなりません。使っているパソコンのメーカーロゴも表示されないという場合は、BIOSもしくはUEFIの設定（30ページ参照）に問題が起きていますので、初期化を試みましょう。BIOSのセットアップ画面やUEFIモードの表示の仕方は、パソコンの機種によって異なりますので、マニュアルやメーカーのWebサイトで確認してください。

余談ですが、一昔前ではパソコンの電源を押して F2 キーを連打するとBIOSが表示される場合が多かったのですが、最近は違うようです。Windows10パソコンではファンクションキーが無効になって、別のキーを使うようなっている機種もあります（昔からBIOS画面になじんできた者には、ちょっと驚きの変更点ですね）。

BIOSもしくはUEFIの初期化でも起動しないときは、かなりの重症です。「回復ドライブ」（162ページ参照）を使う必要が出てきます。

自動的に修復がされるけれども……

Windows10には起動時に何らかのトラブルが起きた場合には、自動的に修復する機能があります。電源ボタンを押したあと、「自動修復を準備しています」と表示されたら完了するまで待ちましょう。修復が成功すると、Windowsが起動します。

これでめでたし、めでたし……ならばよいのですが、「自動回復、PCを正常に起動しませんでした」または「スタートアップ修復でPCを修復できませんでした」と表示されることがあります。こうなると、次なる方法は「**システムの復元**」（158ページ参照）機能の出番です。前述のメッセージに［詳細オプション］ボタンがあれば、それを押して「システムの復元」を実行しましょう。

再起動を繰り返したり、起動が不安定なら

Windowsがまったく起動できない状態に陥るより前、たとえば再起動を繰り返したり、起動にあまりにも時間が掛かるなど、何らかの異常を感じたら、次の手順で「**スタートアップ修復**」機能を実行しましょう。

1. ［スタート］メニューにある［設定］ボタンを押し、［更新とセキュリティ］を選択します。
2. 画面左の［回復］をクリックし、［PCの起動をカスタマイズする］にある［今すぐ再起動する］ボタンを押します。
3. 青い画面に切り替わります。［オプションの選択］→［トラブルシューティング］→［詳細オプション］に進むと、利用できる詳細オプションの一覧が表示されます。そのなかの［スタートアップ修復］ボタンを押すことで、自動的に修復が実行されます。

●[今すぐ再起動する]ボタンを押す

●この画面に[スタートアップ修復]ボタンが用意されている

なおスタートアップ修復機能を実行すると、起動するための情報を書き換えることになりますので、正常時には実行しないようにしましょう。

Windowsの起動が不安定なら「スタートアップ修復」を試してみるのじゃ!

Column　スタートアップ修復とシステムの復元の違い

「**スタートアップ修復**」では、Windowsが起動するために必要な重要ファイルを調べて、破損があれば修復してくれます。具体的には、レジストリやシステムファイル、デバイスファイルなどが対象です。

一方、「**システムの復元**」は過去に保存していたシステム関連のファイルを戻す、という機能です。もし「スタートアップ修復」で改善できなかったファイルがあったのであれば、"過去に正常であったときのファイルと置き換えてしまえ"ということで、次なる手段として「システムの復元」へと進むわけです。

Column　何かを追加したあとのトラブルなら「セーフモード」で解決!

周辺機器を追加したり、アプリケーションソフトを追加した直後にWindowsが起動しなくなったときは、「**セーフモード**」での起動を試してみましょう。セーフモードとは最低限必要なファイルとドライバーのみでシステムを起動する機能です。

1. 本文で紹介した[詳細オプション]画面にある[スタートアップ設定]ボタンを押してパソコンを再起動します。
2. 複数のオプションが並びますので、[4)セーフモードを有効にする]もしくは[5)セーフモードとネットワークを有効にする]を選びます(番号の数字キーを押す)。
3. [このアプリは開けません]と表示されたら[閉じる]ボタンを押します(このアプリは『Edge』のことなので問題ありません)。
4. 壁紙が黒一色のセーフモードで起動したらコントロールパネルに入れますので、問題を起こしていると思われるものを[プログラムと機能]画面で削除したり、デバイスマネージャーで追加した周辺機器を削除してみましょう。

●セーフモードの起動画面

またセーフモードでも外部ストレージは利用できます。起動できたら、ひとまず重要なファイルをUSBメモリなどにバックアップしてから、Windowsの修復に進むことをお勧めします。

084 システムを過去に戻す「システムの復元」って、どんなもの?

アプリケーションソフトや周辺機器を追加してデバイスドライバーをインストールしたら、パソコンの調子が悪くなってしまった、ということがあります。また前項で紹介した「**スタートアップ修復**」機能で問題が解決しなかった、ウイルスに感染して不調になったなど、システム関連のトラブルが起きていると思われる場合は、==パソコンの調子がよかったときの状態に戻す「**システムの復元**」という機能==を使いましょう。

まずは、システムの復元を有効にしよう

なにかと心強い「システムの復元」ですが、Windows10では初期設定で「無効」になっています。まずは==「有効」に切り替え==ましょう。

1. タスクバーの検索ボックスに「システムの復元」と入力して表示される「復元ポイントの作成コントロールパネル」をクリックします。
2. [システムのプロパティ]ダイアログの[システムの保護]タブが開きますので、無効になっているCドライブを選択した状態で[構成]ボタンを押します。

● Cドライブを選択して[構成]ボタンを押す

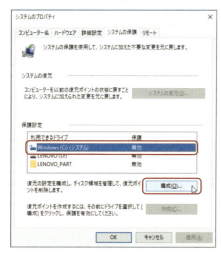

3. [システム保護対象]ダイアログが開きますので、[システムの保護を有効にする]のラジオボタン

をクリックし、[OK]ボタンを押します。
なお、この画面に下部に、この機能で利用するディスク最大使用量が設定されています。目安としては4〜10GB程度あればよいでしょう。

● 「システムの保護を有効にする」を選択

4. [システムのプロパティ]ダイアログに戻りますので、[利用できるドライブ]が有効になっていることを確認して[OK]ボタンを押します。

これで「システムの復元」機能が有効になりました。

手動で「復元ポイント」を作成しよう

システムの復元を有効にすると、定期的に復元ポイントが作成されます。これとは別に手動で復元ポイントを作成することも可能です。パソコンの調子のよいときや新しいデバイスを使用する直前などに作成しておくとよいでしょう。

1. [システムのプロパティ]ダイアログの[システムの保護]タブにある[作成]ボタンを押します。
2. [復元ポイントの作成]画面のフォームに復元ポイントの名前を入力します。日時は自動的に入りますので、わかりやすい名前(ここでは「快調時」)を入力して、[作成]ボタンを押します。

● ポイント名を入力

3 しばらくすると復元ポイントが作成されます。正常に作成されたメッセージが表示されたら[閉じる]ボタンを押します。

「システムを復元」を実行する

システムが不安定になったとき、作成した復元ポイントの状態まで、システムだけを戻すことができます。このとき、自分自身が作成したデータファイルは過去に戻ることはありませんので、安心してください。

復元ポイントは複数作成していても、任意のポイントを指定することが可能です。

1 タスクバーの検索ボックスに「回復」と入力すると表示される「回復コントロールパネル」をクリックします。

2 [回復]画面が開きますので、[システムの復元を開く]をクリックします。

● [システムの復元を開く]をクリック

3 [システムファイルと設定の復元]の[次へ]ボタンを押します。

4 作成しておいた復元ポイントが表示されますので、戻したいポイント名をクリックして選択状態にし、[次へ]ボタンを押します。

5 [復元ポイントの確認]画面でドライブやポイントを確認して[完了]ボタンを押します。

● 復元ポイントが表示される

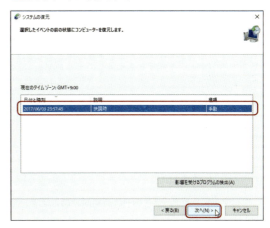

● [完了]ボタンを押す

6 「いったんシステムの復元を開始したら、中断することはできません。続行しますか?」というメッセージが表示されます。[はい]をクリックするとシステムの復元が開始されます。

7 復元が完了すると、自動的にパソコンが再起動されます。

8 再起動されると「システムの復元は正常に完了しました」というメッセージが表示されるので[閉じる]ボタンを押します。

なお、任意の復元ポイントに一度戻すと、それよりも新しい復元ポイントは失われます。また設定したディスクの最大使用量をオーバーしてくると、日付の古い復元ポイントから削除されますので、その点は注意しましょう。

085 すべての過ちを清算して、パソコンを最初の状態に戻したい

Windowsを何とか修復しようと頑張っても、どうしても改善されないときは、パソコンを購入してきた状態に戻しましょう。

手順は簡単ですが、どういったことが起きるかは十分把握してから実行するようにしてください。

必要なファイルのバックアップは必須！

Windows10が持つ「**このPCを初期状態に戻す**」機能を使うと、自分でインストールしたアプリケーションソフトなどは、すべて削除されますが、メーカー製パソコンの場合はプリインストールされていたものは残ります。

この機能を実行する途中で、「個人用ファイルを保持する」という選択肢があります。これを選べばデータファイルが残るので、バックアップの必要はなさそうに見えますが、ここは用心！ パソコンを初期状態にまで戻しますので、何が起きるかわかりません。100パーセント大丈夫だとはいい切れないことを念頭に置き、重要なファイルは必ずバックアップをとって、内蔵しているハードディスクやSSDとは異なる場所、いわば"パソコンの外"に保存しておきましょう。

なお、Windows7、8/8.1から10にアップグレードしたパソコンでは、この操作をすると、以前のバージョンに戻すことができなくなります（コラム参照）。

ウィザードの内容を正しく把握する

十分に準備が整ったら、すべてのアプリケーションソフトを終了した上で、パソコンを初期状態に戻しましょう。手順は簡単ですが、ウィザードに表示される内容は、自分の主旨と相違がないかを確認しながら進めましょう。

完了まで時間が掛かる場合がありますので、余裕のあるときに実行することをお勧めします。

1 [スタート]メニューにある[設定]ボタンを押し、[更新とセキュリティ]を選択します。

2 画面左の[回復]をクリックし、[このPCを初期状態に戻す]にある[開始する]ボタンを押します。

● [開始する]ボタンを押す

3 [オプションを選んでください]の画面が表示されます。この内容はパソコンの出荷状態や以前のバージョンからのアップグレードの有無によって内容が異なります。データファイルを残す場合は[個人用ファイルを保持する]、その必要がなければ[すべて削除する]をクリックします。

● [個人用ファイルを保持する]を選ぶと、データファイルは保持される

4 [個人用ファイルを保持する]を選んだ場合は、[お使いのアプリは削除されます]という画面に手動でインストールしたアプリケーションソフトが一覧表示されます。

●削除されるアプリケーションソフトが表示される

5 ［すべてを削除する］を選んだ場合は、複数のドライブがあれば、［Windowsがインストールされているドライブのみ］か［すべてのドライブ］かを指定する画面や［ドライブのクリーニングも実行しますか？］との選択肢が出ます。クリーニングを実行すると、消去したデータが復元されにくくなりますので、パソコンを手放すときにはお勧めです（ただし、クリーニングには時間が掛かります）。

●複数ドライブがある場合は実行するドライブを指定できる

●クリーニングの実行を選ぶ

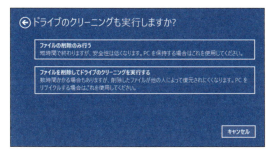

自分でインストールしたアプリケーションは消えるから、あとから再インストールしなきゃね。

6 ［このPCを初期状態に戻す準備ができました］という画面になり、下部の［初期状態に戻す］ボタンが表示されます。このボタンを押すと処理が実行されます。しばらく時間が掛かりますが、終了するとパソコンが再起動されます。

●［初期状態に戻す］ボタンを押す

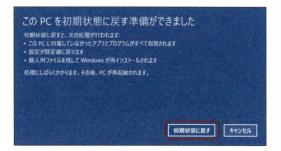

なお、これまでWindows Updateなどで自動的にインストールされたものも、ここでいったん消えています。そのため<mark>初期状態に戻ったあとに再度自動的にインストールされる</mark>、ということになります。

それが完了してから、削除されたアプリケーションソフトやプリンター用のドライバーなど、<mark>手動でインストールしたものを再インストール</mark>していきましょう。

Column 「このPCを初期状態に戻す」という意味

2016年7月29日まで、Windows10は7や8/8.1から無償でアップデートが可能でした。この時期に10に移行した人は多いでしょう。

こういった旧バージョンから移行したパソコンで「このPCを初期状態に戻す」を実行すると、Windows10の初期状態に戻ります。7や8/8.1には戻りません。また当然ですが、追加したアプリケーションソフトや個人ファイルも消えてしまいます。

「え～、久しぶりにWindows7が使いたいのに～」と言っても、旧バージョンで再セットアップメディアを作成していない限り、それはムリな話です。

この件は、ほとんどのパソコンメーカーのサポートページに記載があります。"初期状態に戻す"という言葉を勘違いしないように注意しましょう。

PART 4 これでトラブルが起きても安心！知っておきたい、あの手この手べんりな手

086 備えておけば安心！「回復ドライブ」を作成しよう

ソフトウェアのトラブルのなかでもっとも深刻な事態とは、電源ボタンを押してもディスプレイに何も表示されないときです。Windows10が持つ、あらゆる修復機能にアクセスできないとなると、ふだんは見慣れないBIOS（もしくはUEFIモード）画面から入るか、データファイルを失う覚悟をしてメーカーに修理を依頼するかです。

そういったことを回避するために、パソコンの調子がよいときに「回復ドライブ」を作成しておくのが最良の策でしょう。

USBメモリから起動できる状況をつくる

パソコンが内蔵ハードディスク（もしくはSSD）から起動しないときのために、USBメモリを使って起動できるように「回復ドライブ」を作成することができます。パソコンをセットアップして動きに問題がないことを確認したら、すぐに作成しておくのが望ましいのですが、案外知られていないようです。

回復ドライブ用にするUSBメモリに必要な容量は、パソコンによって異なります。どれくらいの容量になるかは、回復ドライブを作成するウィザードに表示されますので、そこで確認の上、対応できるものを用意しましょう。USBメモリは初期化されますので、データファイル用ではないものが必要です。

1 コントロールパネルを開いて[システムとセキュリティ]にある[ファイル履歴でファイルのバックアップコピーを保存]を選択します。

2 画面左下の[回復]を選んで[回復ドライブの作成]をクリックします。

● [回復ドライブの作成]を選択

3 [ユーザーアカウント制御]メッセージが表示されますが[はい]ボタンを押します。

4 [回復ドライブの作成]画面が開きますので[次へ]ボタンを押します。
なおパソコンに回復パーティションがある場合は[システムファイルを回復ドライブにバックアップします]にチェックマークを入れておくと同時にUSBメモリにコピーされます。

● [次へ]ボタンを押す

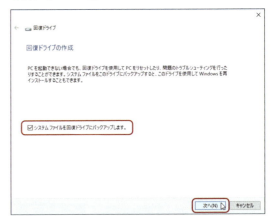

5 回復ドライブに必要な計算が開始され、完了すると画面に容量が記載されます。条件に合うUSBメモリを挿して[次へ]ボタンを押します。

● 必要な容量に合うUSBメモリを挿入

6 USBメモリ内のファイルが削除されるメッセージが表示されるので、確認したら[作成]ボタンを押して完了するまで待ちましょう。

●USBメモリ内のファイルは削除される

回復ドライブの作成には、時間が掛かる場合があります。

なお使っているパソコンが以前のバージョンからWindows10にアップグレードしているなど、状況によっては、回復ドライブではなくリカバリーディスクを作成する必要がある場合もあります。詳細はパソコンメーカーのWebサイトで確認してください。

回復ドライブを使って修復する

通常、パソコンは内蔵ハードディスク（もしくはSSD）から起動するように設定されています。そこでUSBメモリからでも起動できるように指定する必要がありますが、パソコンの機種によって手法が異なります。付属のマニュアルやメーカーのWebサイトで確認してください。

回復ドライブであるUSBメモリから起動したら、次の手順でWindowsを修復していきましょう。

1 青い画面の[キーボードレイアウトの選択]が開きますので、[Microsoft IME]をクリックします。

2 [オプション選択]で[トラブルシューティング]をクリックします。

3 [トラブルシューティング]で[詳細オプション]をクリックします。

4 [詳細オプション]で使いたい修復機能を選択しましょう。深刻なトラブルが起きているときは、[イメージでシステムを回復]を選び、ウィザードの内容に沿ってシステムを以前の状態に戻しましょう。

●深刻なトラブルの場合は[イメージでシステムを回復]を選択

Column　システム全体をバックアップする機能って微妙？

Windows10はシステムファイルだけでなく、カスタマイズした設定内容やインストールしたアプリケーションソフト、作成したデータファイルなど、すべてまとめてバックアップする「**システムイメージの作成**」という機能を持っています。一見便利そうなのですが、本書執筆時点では個人的にお勧めしません。なぜならコントロールパネルでの表記が未だに「バックアップと復元（Windows7）」となっており、どうも印象が悪いのです。もしかしたら、繰り返すWindows Updateのなかで内容が変わったりするかも？

ということで、私は当分の間、システム関連は「回復ドライブ」、データファイルは「ファイルの履歴」を活用していきます。

087 スマホの最大の危機について考えよう

　スマホもパソコン同様、電源ボタンを押しても画面が真っ暗だとか、まったく操作を受け付けないといったトラブルも起きますが、それ以上に恐ろしい事態があります。片手におさまるサイズゆえの最大の危機に直面したときの対処法にお話ししましょう。

うっかり水没させてしまったら

　最近は防水対応の機種もありますが、そうでない場合、うっかり水の中に落としてしまったら一大事です。

　あわてて引き上げて、まずは壊れていないかを確かめようと電源を入れる——。<mark>これは絶対にやってはダメ！</mark> 回線をショートさせては一巻の終わりですので、水から引き上げるときも<mark>電源ボタンには触れないように注意</mark>してください。電源が入った状態なら、すぐにオフにします。このとき<mark>本体を振るのも厳禁</mark>です。振ることで内部にまで水が浸入してしまうしれません。

　電池パックが着脱式ならば、すぐに取り外し、SIMカード、メモリカードを抜きます。それから濡れた部分を大まかに拭きながら、水分がどこまで入り込んでいるかを確認しましょう。内部まで浸水しているときは、自力で復旧させるのは難しいかもしれません。データを復旧させたい場合は、すぐに通信事業者のサポートに連絡をとってください。

　内部まで浸水していないようなら、水分を完全に拭き取ります。ヘッドフォン端子など小さな穴などにたまった水も取り除いて乾燥させましょう。温度が高くない場所（天日干しするときは気温の上昇に注意）に置き、完璧に乾くまで待ちます。一説では3日間は放置しておくべき、ともいわれています。

　処置が終わって電源を入れたとき、正常に起動したからといって安心してはいけません。いったん水に濡れてしまった基板は、腐食が進みやすいものです。操作できる間に必要なデータはバックアップしましょう。

スマホを紛失してしまった！

　どこにでも持ち運べるスマホだからこそ、うっかり置き忘れる、落とすといったことがあります。もしかしたら悪意のある人に盗まれるかもしれません。

　スマホには友人・知人の連絡先や写真など個人情報がギッシリ詰まっていたり、電子マネーを利用していたりと、思えば財布以上に"貴重品"です。これを紛失したとき、やらなければならないのは<mark>「探す」</mark>、そして<mark>「ロックする」</mark>の2つです。

　スマホを探すときに、頼りになるのが探索機能です。ただし事前に設定（後述）が必要です。

　スマホが見つからない場合、もし他人の手に渡っても勝手に使われないように、ロックを掛けなくてはなりません。通信事業者はそれぞれ探索サービスを提供していますので、まずは連絡してください。回線を停止したり、遠隔操作でロックを掛けることが可能です。悪用される前に手続きを済ませておきましょう。

「iPhoneを探す」機能を使ってみよう

　iPhoneユーザーなら、事前に設定しておきたいのが**「iPhoneを探す」**機能です。有効にしておくと、紛失時の探索に使えるだけでなく、自分の手元にiPhoneを取り戻すことができない状態であったとき、データをすべて消去することも可能です。

「iPhoneを探す」を有効にする

　まずは、「iPhoneを探す」機能を有効にする手順を紹介しましょう。

1. [設定]アプリを開き、[ユーザー名]→[iCloud]をタップします。
2. 画面上部にApple IDが表示されていない場合は、サインインします。この画面下で「Apple IDを新規作成」してもかまいません。
3. ["iPhoneを探す"有効]と表示されたら[OK]をタップします。
4. 最初の画面に戻り、Apple IDが表示されたら設定は完了です。

　なお、iCloudにある[iPhoneを探す]をタップし

て開く画面に「最後の位置情報を送信」という機能があります。バッテリーが残り少ない状況で最後に確認された位置情報をAppleに自動的に送信してくれますので、これもオンにしておくことをお勧めします。

●「最後の位置情報を送信」をオンにする

●場所を確認

❹画面右上にリモート操作のメニューが表示されます。使いたい機能のボタンを押しましょう。

●任意の機能を選択

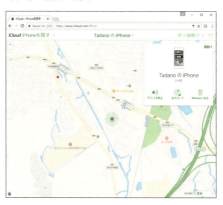

パソコンでiPhoneを探す

iPhoneを紛失したとき、別の端末を使って「iPhoneを探す」機能を実行します。家族でファミリー共有をしている場合は、家族の誰もが「iPhoneを探す」アプリを使って探すことは可能です。

ファミリー共有を設定していなかったり、自分一人でiPhoneを利用している環境ならば、パソコンを使って探しましょう。手順は次のとおりです。

❶iCloudのサイト（https://www.icloud.com）を開いて、iPhoneで設定したApple IDでサインインします。

❷Webブラウザーに表示されたアプリのうち「iPhoneを探す」アプリをクリックします。

●「iPhoneを探す」アプリをクリック

❸iPhoneの所在位置が地図で表示されますので、ここで場所を確認します。緑色のボタンをクリックして「i」マークを押します。

- **サウンドを再生**…サイレントモードでもiPhone本体から大きな音が発生するので発見しやすい。
- **紛失モード**…紛失モードを有効にした場合、本体がロックされ、画面に紛失したものであることや連絡方法の表示やApple Pay用に設定したクレジットカードなどの停止ができる。
- **iPhoneの消去**…本体のデータを消去する。そのあとは本体を探索することができなくなるので、最後の手段として利用する。

なお、「iPhoneを探す」機能はiPadやiPod Touch、Apple Watch、Macなどアップル製のデバイスなら利用できます。

Column　Android端末なら『Googleサービス』を使おう

　Androidスマホの場合は、Googleアカウントで認証する『**Googleサービス**』で探索することができます。「iPhoneを探す」機能とほぼ同等の使い勝手ですので、万が一のことを考え導入しておきたいものです。

　なお、Androidスマホは複数の機種があり、設定方法はそれぞれ異なります。ここでは一例を紹介します。

　まずスマホ本体の［設定］画面にある［アカウント］を開き、「Googleアカウント」の項目があることを確認してください。ない場合は［＋アカウント追加］でGoogleアカウントを追加します。

　次に［Androidデバイスマネージャー］にある［アプリ］をタップし、［Google設定］を開きます。「リモートでこの端末を探す」と「リモートでロックとデータ消去を…」をオンにします。このほか位置情報、Google Playでの表示を有効にしておきましょう。

　パソコンで探すときは、Googleアカウントでサインインした状態で「**Google端末を探す**」サイト（https://www.android.com/find）にアクセスすると、スマホの現在地を地図で表示してくれます。「音を鳴らす」「ロック」「消去」の項目が表示されますので、状況にあわせて利用しましょう。

●Googleサービスで紛失したAndroidスマホを見つけることができる

088　デジタル機器だってクシャミをする？　なにはともあれ強制終了そして再起動

　パソコン、スマホ、タブレット、いずれも突然起動しなくなったり、必要な操作ができなくなることがあります。そんなとき、まず試すべき秘策はコレです。

「強制終了」という力技の解決手段

　なんらかの要因で不調になったデジタル端末、原因の特定はなかなか難しいものですが、症状によってはシステムを立ち上げ直すことで改善することがあります。

　たとえばバックグラウンドで動いていたアプリが不具合を起こしていたとか、メモリを独り占めしていたアプリがあったとか、私たちが気づかない軽微なトラブルなら、==システムを強制的に終了させれば、一気に問題が解決==してしまいます。

　修理を考える前にやるべき秘策である"**強制終了の仕方**"は覚えておきましょう。

強制終了・再起動は、こうやって実行

　パソコンがフリーズしてマウス操作を受け付けなくなったときは、==本体の電源ボタンを長押し==してみましょう。これで電源が落ちるはずですが、それでもダメなら==電源プラグを引っこ抜きます==。その際、本体から何らかの音がしていないこと、そして電源ランプが点滅していないことを確認してください。もし内部で動いている部品があるのに電源をいきなり切断すると、その部品を壊してしまうので要注意です。

　電源を落としてから、ゆっくり「10」まで数えてから再び電源ボタンを押してください。まだ基板に電気が残っていた場合は、トラブルが起きた状態が保持されています。==電源を入れるタイミングが早すぎると、同じ症状のまま再起動==されます。

　スマホやタブレットの場合は、それぞれ強制終了の仕方が異なりますので、メーカーのサイトなどで確認しておきましょう。一般的には電源ボタンを長押しすることで、強制再起動となるようです。この長押しの時間は、20～30秒といわれています。

　なおiPhoneの場合は、電源ボタン（スリープ/スリー

プ解除ボタン）を長押しすると［スライドで電源オフ］が表示されますので、これを使って電源をオフにします。それからAppleのロゴマークが表示されるまで、電源ボタンを長押ししてください。

またiPhone、iPadが反応しなくなったとき、iPhone7/7Plusなら電源ボタンと音量を下げるボタン、Phone6s以前、iPadなら電源ボタンとホームボタン（本体下の丸いボタン）を同時に10秒以上、Appleのロゴが表示されるまで押し続けると強制的に再起動されます。再起動後に以前と変わりなく動作するようなら、これで解決です。

あらゆる機器の仕組みをすべて把握するというのは、至難の業です。私たちがクシャミが出ても、その原因が明確ではないように、「デジタル機器も何かの拍子でクシャミをするんだ」程度に考えてもよい場面がある、ということもあるわけです。

089 進化を続けるWindows10のセキュリティ対策機能は要チェックだ

パソコンの調子が悪くなる要因のひとつに、==ウイルス感染==が挙げられます。急に動作が重くなったり、ファイルの内容が勝手に書き換えられるなど、正常にパソコンを使えない状態に陥ることがあります。

これに加えて最近は、深刻な事態を招く悪質なものが増えてきました。不正にアクセスされてクレジットカードの情報を盗まれるなど、金銭的な被害が発生することもあります。またウイルス拡散の土台にされた場合は、被害者でありながら加害者の立場に立たされることもあります。

そういった事態に巻き込まれないために、Windows10は**セキュリティ対策機能**を持っています。

「コンピューターウイルス」って、どういうもの？

コンピューターウイルスとは、他のプログラムを書き換え、自分自身を複製しながら進化・増殖するプログラムの総称です。1970年代から、その存在は確認されていましたが、1984年にF・コーエン博士が「自己増殖プログラム」という論文のなかで、はじめて「コンピューターウイルス」という言葉を使いました。以降、不正プログラムの総称としてコンピューターウイルスの名称は定着しています。

==ウイルスは人の手によって生み出される悪意のあるプログラム==です。多くの人をターゲットにするため、ユーザーの多いWindowsは狙われやすいOSです。世の中こんなにもたくさん、悪のプログラマーがいるのかと思うほど、世界中で日々新しいウイルスが誕生しています。それに加えて、有名なウイルスを改造した亜種もあり、有り難くないことにウイルスはどんどん姿を変え進化を続けます。

こういった状況を踏まえ、私たちが行わなくてはならないことは、複数あります。そういわれると初心者やパソコンに関する知識に今ひとつ自信のない人は、「難しくて自分にはできそうもない……」と思ってしまうでしょう。大丈夫！ Windows10には心強い機能が備わっています。

ある程度は守りを固めている、Windows10のセキュリティ

どんな優秀なOSでも、人が作るものですから"完璧"とはいきません。Windowsも例外ではなく、多くのユーザーが利用するなかで==セキュリティ面で脆弱な部分==（これを「**セキュリティホール**」と呼びます）が発見され、そこから侵入するウイルスが開発されてきます。それを防ぐため、マイクロソフトはセキュリティホールが見つかり次第、修正プログラムを**Windows Update**（40ページ参照）によって配布しています。基

本的にWindows Updateは自動更新です。自分で特に操作しなくても、Windows10は常に最新状態に保たれていますので、この点の心配はありません。

次にウイルスが侵入してきたとき、感染を防ぐために対策ソフトが必要です。長いWindowsの歴史のなか、ようやく8.1でウイルス感知そして除去機能を含んだ『Windows Defender』が標準搭載されました。それまではユーザー自身が市販のウイルス対策ソフトを導入しなくてはならなかったのですが、今はその必要がありません。そして2017年4月に行われたCreators Updateにおいて『Windows Defenderセキュリティセンター』という名称とともに、下記のセキュリティ関連の設定が集約されました。

- ウイルスと驚異の防止
- デバイスのパフォーマンスと正常性
- ファイアウォールとネットワーク保護
- アプリとブラウザーコントロール
- ファミリーのオプション

基本的に、これらの機能は使っているパソコンに合わせて最適化されています。今使っているパソコンが、どういった状態であるかを確認してみましょう。

1 [スタート]メニューにある[設定]ボタンを押し、[更新とセキュリティ]を選択します。

2 画面左の[Windows Defender]を選択し、[Windows Defenderセキュリティセンターを開きます]をクリックします。

● [Windows Defenderセキュリティセンターを開きます]をクリック

3 [お使いのデバイスが保護されています]画面が開きます。項目ごとに状態やユーザーによる操作が必要であるかが表示されています。

● 各項目の内容を確認

4 それぞれのアイコンをクリックすると詳細な情報が表示されます。たとえばノートパソコンで[デバイスのパフォーマンスと正常性]を選択すると、Windows Updateやバッテリーの寿命まで表示されました。

時間のあるときに、使っているパソコンの状態を把握するためにひととおり確認しておくとよいでしょう。

● 使っているパソコンの状態を把握しよう

余談ですが、Windows Defenderセキュリティセンターはまだ発展途上のようで、ファイアウォールの設定はコントロールパネルを経由するなど一部集約できていない部分もあります。今後行われるWindows10の大型アップデートによっては、もっと使いやすくなるように改良されるのではないでしょうか。

090 「ウイルスに感染したかも？」と思ったら

Windows10の持つセキュリティ機能が有効だから安心していたのだけど、なんだか急にパソコンの動作が重くなった。「見知らぬ人からのメールを開封した」「あやしいサイトを見ちゃった」などと心当たりがあるときは、ウイルスに感染したのかも……。

そんなときは、**Windows Defenderセキュリティセンター**にある機能でウイルスの検出を手動で行いましょう。

Windows Defenderが持つウイルス対策機能

通常ウイルス対策ソフトは、自身が持つウイルスのパターン情報と照合して、パソコンに入ってきたファイルがウイルスであるか否かを判断しています。前述のようにウイルスは増殖する一方ですので、パターン情報は常に更新されています。Windows Defenderにおける「ウイルスと驚異の防止」機能では、このパターン情報を"定義"と呼び、更新は自動的に行われています。

またパソコンの状態は、リアルタイムで監視が行われており、通常の使い方をする限りは、あなた自身がウイルスの脅威におびえる必要はないのです。

とはいえ、100パーセント安心だと断言できないのも事実です。まだパターン情報に入っていない新種のウイルスに感染しないとも限りません。

もし「ウイルスに感染したかも」と思ったら、**ウイルスと驚異の防止**機能を手動で実行してみましょう。最初に新たなパターン情報がないかを「更新プログラムのチェック」で確認して、検出作業であるスキャンを実行する、という手順です。

1. [スタート]メニューにある[設定]ボタンを押し、[更新とセキュリティ]を選択します。
2. 画面左の[Windows Defender]を選択し、[Windows Defenderセキュリティセンターを開きます]をクリックします。
3. [お使いのデバイスが保護されています]画面が開きます。[ウイルスと脅威の防止]をクリックします。

●[ウイルスと脅威の防止]をクリック

4. [保護の更新]をクリックして、次の画面に表示される[更新プログラムのチェック]ボタンを押して、最新の定義があれば入手します。

●[更新プログラムのチェック]ボタンを押す

5. チェックが終わったら、[←]ボタンで前の画面に戻ります。[クイックスキャン]ボタンを押すと、ウイルスが感染しやすい場所をただちにスキャンします。もっと詳しく調べたいときは[高度なスキャン]をクリックしましょう。

● より詳しく調べたいときは、［高度なスキャン］を選択

6 3種類の方法が選択できます。パソコンの状態に合わせて、実行したいスキャンを選択しましょう。

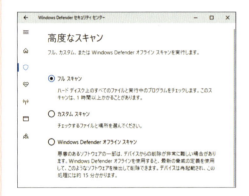

- **フルスキャン**…ディスク全体を調べる。容量によっては長時間かかる場合がある。
- **カスタムスキャン**…スキャンするドライブやフォルダーを指定してスキャンすることができる。
- **Windows Defender オフラインスキャン**
  …Windowsが起動する前の状態でスキャンを実行する。

「Windows Defenderオフライン」機能について

スキャン方法は複数用意されていますので、パソコンの状態に合わせて実行することになります。スキャン中にパソコンの操作は可能ですが、ウイルスに感染した可能性が高いのなら、ネットワークに接続したケーブルは抜き去り、時間を掛けてもフルスキャンを実行することをお勧めします。

なお「**Windows Defenderオフライン**」機能は、Windows7時代にあったCD/DVDメディアまたはUSBメモリから起動する『Windows Defender Offline』というマルウェア駆除ツールのようです。Windows10ではわざわざリムーバブルメディアを作成しなくても、この画面から実行できるようになっています。この機能を使うのは、ルートキットと呼ばれるWindowsが起動している状態では除去できないウイルスに感染した場合です。私もまだ見たことがありませんが、こういった永続的なマルウェアに感染すると、Windows Defenderが感知して「Windows Defenderオフライン」を実行するようにメッセージを表示するようです。その場合は、すべてのアプリケーションソフトを終了させてからウィザードに従って実行しましょう。パソコンが再起動されて、15分程度で終わります。

Column 市販のウイルス対策ソフトは無用なのか？

市販のウイルス対策ソフトには、Windows Defenderが持っていない機能を装備しているものがあり、パソコンの使用状況によっては、そちらを使うという選択はアリです。

ただし、このタイプのソフトはシステムの根幹の部分で動作しますので、==同時に複数使用してはいけません==。必ず一方をオフにする必要があります。Windows Defenderでは別のソフトが導入されると、自動的にオフに切り替わりますが、念のために確認しておきましょう。［ウイルスと脅威の防止］画面にある［ウイルスと脅威の防止の設定］をクリックして、リアルタイム保護がオフであれば無効となります。

● Windows Defenderが無効になると［ウイルスと脅威の防止］に×がつく

091 スマホもウイルスに感染することがあるって、ホント？

スマホ、特にiPhoneではウイルスに感染しないと思ってはいませんか？ 残念ながら、それは間違いです。iPhoneやAndroidスマホでもウイルスに感染することは"ある"のです。パソコン同様、ウイルスに対する知識は持っておきましょう。

iPhoneはウイルスに感染しない？

スマホのウイルスもパソコンと同様、悪意のある人間が作成したプログラムです。感染したスマホを勝手に操ったり、情報を盗んだりと悪事を働き、持ち主に多大な迷惑、（ともすると損害）をかける存在です。

そんなウイルスも、iPhoneなら感染しないという話があります。これはiPhoneが『App Store』の厳しい審査を通過したアプリしかインストールできないこと、非公式のアプリをインストールしたり、動作させない設定になっている（この設定を改変することを「脱獄（ジェイルブレイク）」といいます）ことが裏付けとなっています。これらの点から確かにAndroidスマホよりもiPhoneはウイルスに感染しにくいのですが、残念ながら"皆無"ではありません。前例を紹介しましょう。

2014年11月に発見された『Wirelurker（ワイヤーラーカー）』というトロイの木馬タイプのウイルスは、まずWindowsパソコンやMacに侵入し、これにiPhoneを接続すると感染するというものでした。それまでは脱獄したiPhone以外では、ウイルスが感染する可能性はないと思われていただけに、衝撃的な出来事でした。Wirelurker自体には、すでに対策がとられているため心配はないのですが、同様のルートでiPhoneに侵入してくるウイルスが今後も登場してくるかもしれません。

また2015年9月には、厳しい審査をかいくぐって中国のApp Storeに『XcodeGhost』というマルウェアが登場したり、2016年8月にはサイトにアクセスするとiPhoneの設定を変更して脱獄させ、悪意のあるアプリをインストールできるようにする『Trident』と呼ばれる攻撃が確認されています。

このように、標準設定で使用しているiPhoneであっても、ウイルスの脅威にはさらされているのです。

Androidスマホを狙ったウイルス

AndroidスマホはiPhoneに比べるとウイルスに感染しやすいといわれています。これはアプリを公式マーケットに登録するときの審査がApp Storeよりも厳しくないため、悪意のあるアプリが公開されているケースが多いからです。ユーザーがウイルスと気づかずにダウンロードしてしまう可能性は、iPhoneよりも高いのです。

そしてAndroidスマホのウイルスは、個人ユーザーを狙ったものが多いという傾向があります。2016年3月に確認された「ランサムウェア」（身代金要求ウイルス）に感染するとスマホがロックされて操作ができなくなり、不自然な日本語で「iTunesカードで1万円の罰金（そもそも罰金ってなに？）を支払え」と画面に表示して脅してきます。

●ランサムウェア「AndroidOS_Locker」に感染したときの画面

（提供：トレンドマイクロ株式会社）

こういったウイルスに感染した場合、まずスマホを<mark>セーフモードで起動して怪しいアプリを削除</mark>します。<mark>それでもダメなら初期化</mark>するしかありません。日頃から失いたくない情報はバックアップをとっておきましょう。

悪意のあるアプリの見極めは、難しいものです。<mark>セキュリティの設定で、提供元不明のアプリをインストールしないよう</mark>にしておきましょう。

ウイルスに感染しないための心得とは

ウイルスに感染しないために、スマホの使い方にも注意が必要です。

まずは、<mark>OSは常に最新の状態にしておくこと</mark>。これはパソコンと同様で、スマホのOSも脆弱な部分があれば狙われますので、常にプログラムの修正が行われています。古いバージョンを使い続けていると、新種のウイルスに侵入を許してしまうかもしれません。

そして<mark>怪しいアプリやサイトには手を出さないこと</mark>です。いくら『Google Play』の上位にあるものでも、開発元が見知らぬ会社なら敬遠すべきです。アプリは公式サイトから必ずダウンロードをするようにし、アダルト系や「あの芸能人のウワサの真相は」などと誘う文言に気安くタップしないようにしましょう。

現在は、ウイルス対策アプリも多数出回っていますが、対策アプリを語って実はスパイ行為をするアプリであったというケースもあります（イヤな世の中ですね）。導入する場合は、無料・有料の区別なく<mark>ウイルス対策に定評のある会社のアプリを選択</mark>しましょう。

パソコン、スマホ、タブレットといったインターネットに接続できる端末は、悪意のある人間のワナに捕らわれる危険性が常にあること。快適なデジタルライフを送るためには、この点はしっかり認識しておきましょう。

Column　このメッセージは真実なのか？ ウソの警告メッセージにだまされるな！

ある日突然、スマホの画面に警告メッセージが表示されたら、誰でもドキッとするものです。そんなときは、まず落ち着いてメッセージの内容を考えてみましょう。

「ウイルスに感染しています」と表示されても、あわててはダメ。ウイルス対策アプリを導入していないのなら、このメッセージを出しているモノ自体が怪しいです。広告の表示を目的としたアドウェアかもしれません。「ウイルスによりバッテリーが損傷しました」と表示されても、バッテリーが損傷したら電源が入らないはずなので、これはウソのメッセージです。「今すぐ確認」というボタンがあるからと安易にタップすると、金銭を要求されたりウイルスアプリをダウンロードさせられたりすることもあります。

スマホでは、こういった虚偽メッセージに誘導される危険性がパソコンよりも高いものです。ウイルス被害というより、詐欺事件に巻き込まれてしまいます。"自分は甘い誘惑やキョーレツな脅し文句に弱いタイプだ"と思う人は、Web脅威対策機能を持つウイルス対策アプリを導入しておきましょう。

索引

記号・数字

: 103
? (クエスチョンマーク) 124
¥ 103
$Recycle.Bin フォルダー 117
* (アスタリスク) 124
2in1 28
2コア/4スレッド 17
32ビット 24
32ビットCPU 24
32ビット版 25
4コア/4スレッド 17
64ビット 24
64ビットCPU 24
64ビット版 25
8080 18
86-DOS 19
8ビットCPU 18,24

A

Aero Glass 78
Aero Lite 79
AI 89
Altair8800 18
AMD 16
Android 27,153,166,171
AndroidOS 27
Anniversary Update 41
AND検索 125
APFS 121
ASCII 74,88
Atom 16

B

b (ビット) 89
B (バイト) 89
BIOS 30,156
bit 24
Blu-ray ディスク 139
BMP 94
Broadwell 17

C

CD/DVD メディア 139
Celeron 16
ClearType 73
Core 16
Cortana 122,126,128,151
CP/M 19
CPU 9,10,12,14,18,90,155
　スペック 16
　世代 16
Creators Update 41
CS-10A 18
CUI 19

D・E・F

Dropbox 142
Dynamic RAM 22
EB (エクサバイト) 89
Education (Windows10) 43
Enterprise (Windows10) 43
exFAT 120
Fall Creators Update 41,110
FAT 118,120
FAT16 120
FAT32 120
Fluent Design 86

G・H・I

GB (ギガバイト) 89
GHz 14
GodMode 33
Google 27
Google端末を探す 166
Googleドライブ 142
Googleフォト 143
Googleサービス 166
grooveミュージック 47
GUI 19,78
Hanabi 55
Haswell 17
Home (Windows10) 40,43
Hyper-Threading (HTテクノロジ) 17
IA-32アーキテクチャー 24
IA-64アーキテクチャー 24
IBM-PC 19
iCloud 137,143,165
IME 69
iOS 21,27,43
iPad 27
iPhone 43,67,137,143,153,171
iPhoneの消去 165
iPhoneを探す 164
IPS方式 53
iTunes 137
Ivy-bridge 17

J・K・L・M

JIS規格 75
JPEG 94
Kaby Lake 17
KB (キロバイト) 89
LCD 53
LSI 18
macOS 8,21
MB (メガバイト) 89
Metroスタイル 39,64
MFT 120
Microsoftアカウント 34,106,109
Microsoft BASIC 18
Microsoft IME (MS-IME) 69
Microsoft Surface 28
MS-DOS 19

N・O

Nehalem 17
Newton 55
Night Shift 67
November Update 41
NOT検索 125
NTFS 120
NT系 26
Office 59
OneDrive 34,106,109,110,134
　オンデマンド機能 110
　ファイル共有 110
OR検索 125
OS 8,20,26,42
OSビルド 41
Outlook.com 34

P・Q・R・S

PB (ペタバイト) 89
Pentium 16
PIN 36
Pro (Windows10) 37,40,43
Program Files フォルダー 62
Q-DOS 19
QWERTY配列 54
RAM 22
ReFS 121
Sandy-bridge 17
SDD 10
SendToフォルダー 137
Skylake 17,46
Skype 34
Speed Shiftテクノロジー 46
SRAM 14
SSD 141,149
Static RAM 22

T・U・V

TB (テラバイト) 89
TN方式 53
Trimコマンド 149
Trusted Installer 63
txt 101
UEFI 30,156
Unicode 75
USBメモリ 141,162
UWPアプリ 60
VA方式 53

W

WaaS 42
Windows1.0 19,26
Windows10 19
　言語環境の変更 77
　アップデート 41
　エディション 43
Windows10フォントが汚いので
　一発変更！ 73
Windows7 26
Windows8 39
Windows95 19,26,120
WindowsAppsフォルダー 62
WindowsNT 120
WindowsXP 19,26,42
Windowsアクセサリ 58
Windowsストア 61
Windowsストアアプリ 60,61
　実態 62
　保存場所の変更 63
Windowsスポットライト 37

173

Windowsタブレット 28	関連付け 96	ジャーナリングシステム 120
Windowsの歴史 26	仮想デスクトップ 84	シャットダウン 44,47
Windowsフリップ 82	仮想フォルダー 106,108,112	充電 48
Windowsフリップ3D............................ 83	神モード 33,151	出力装置 9,50
Windows as a Service 42	関連付け 96	ショートカット 62,65
Windows Aero 78	キースイッチ 54	詳細ウィンドウ 100
Windows Defender 152,168	キーボード 54	正体不明ファイル 97
Windows Defenderオフライン...... 170	記憶装置 9	常駐アプリケーションソフト 152
Windows Defender	起動時間 30	省電力機能 15
セキュリティセンター 168,169	機内モード 40	省電力設定 46
Windows Update 40,42,167	基本ソフト 58	初期化 120,156
WindowsVista 26	キャッシュ 14	初期状態に戻す 160
	休止状態 30,44	シングルコア 15
X・Y・Z	強制終了 166	シングルサインオン 34
Xbox Live 34		
YB（ヨタバイト）................................. 89	**ク・ケ**	**ス**
ZB（ゼタバイト）................................. 89	クアッドコア 15	スタートメニュー 39,62,64,65
	クイックアクション 86	スタートアップ修復 156,157
ア	クイックアクセス 106,108,112	スタート画面 39
アーキテクチャー 24	クイックアクセスツールバー 105,107	スタンバイ 46
アクションセンター 86	クイックアクセスメニュー 107	ステータスバー 105
アクティブ時間 41	クラウド 142	ストア 34
アップデート 40,41	クラウドサービス 109,142	ストレージ 10
アップル 19,21	クラウドストレージ 142	ストレージセンサー機能 117
アドレス 24	クラスタ 118	スナップ機能 80
アドレスバー 103,105	クロック周波数 14	スピンドルモーター 138
アプリ 59,60,62	言語環境の変更 77	スマホ 27,50,59,67,76,143,153
アプリケーションソフト 58,96	言語ツールバー 69	ウイルス 171
関連付け 96	検索 122,124,127	水没 164
暗証番号 36	検索条件 125	探索 164
	検索ボックス 105,122	紛失 164
イ・ウ		スライダー体質 52
インデックス 122	**コ**	スリープ 44
作成 128	コア 15,17	スレッド 17
インデックスのオプション 122	光学方式 50	
インテルCPU 16,18	更新プログラム 40,61	**セ・ソ**
ウィンドウシェイク 81	高速スタートアップ 30	セーフモード 157
ウイルス 171	個人用設定 108	制御装置 9
ウイルス感染 167	このPCを初期状態に戻す 160	静電容量方式 50
ウイルス対策ソフト 152,169	コマンド 19	セキュリティ対策機能 167
ウイルスと脅威の防止 169	コマンドプロンプト 46	セキュリティホール 42,167
ウェアレベリング 141,149	ごみ箱 116	セクタ 118
上書き保存 135	ごみ箱（OneDrive）....................... 134	世代 26
	ゴリラ腕 52	「設定」アプリ 68,151
エ・オ	コルタナ 122,126,128	ソフトウェア 8,58
エアログラス 78	コンテキストメニュー 56	
液晶 52	コントロールパネル 68,95,151	**タ**
液晶ディスプレイ 52	コンピューターウイルス 167	ターボブースト機能 15
液晶ペンタブレット 51	コンピュータの5大装置 9	対応製品検索エンジン 23
エクスプローラー ... 100,103,105,108,133		ダイナミックローディング 33
エグゼキュート 12	**サ・シ**	タスクバー 65,82
エラーメッセージ 155	再起動 44	タスクビュー 82,84
演算装置 9	最近使ったファイル 106	タスクマネージャー 22,152
「送る」機能 136	最適化 144	タッチパット 57
オンデマンド機能 110	サインアウト 44	タッチパネル 50
オンラインストレージ 109,142	サインイン 34	タブ 105
	サフィックス 17	タブレット 27,37
カ・キ	サムネイル表示 100	タブレットモード 28,39,81
カーネル 26	サロゲートペア 76	断片化 144,146
階層 103	磁気ヘッド 138	
回復ドライブ 162	システムの復元 157,158	**テ**
隠しフォルダー 117	自動メンテナンス 150	データ 88,94
拡張子 95	シフトJIS 74	データファイル 90

ディレクトリエントリ	118
抵抗膜方式	50
テキストエディタ	102
テキスト形式	101
テキストファイル	101
デコード	12
デジタル	88
デスクトップアイコン	68
デスクトップアプリ	60,61
実態	62
デスクトップモード	28,39
デスクトップを表示	83
デタッチャブルタブレット	28
デバイスドライバー	30,32
デバイスマネージャー	32
デフラグ	147
デュアルコア	15
電源	154
電源オプション	44
電源ケーブル	154
電源ボタンの長押し	166

ト

投影型静電容量方式	51
同期	135
同期 (iTunes)	137
動作クロック	14
ドキュメント	115
ドキュメントフォルダー	114
特殊フォルダー	114,116
ドライブの最適化	147,148
トラック	118
トランザクションログ	120
トリクル充電	48
トンネル効果	140

ナ・ニ・ネ

ナビゲーションウィンドウ	105
名前を付けて保存	94
入力装置	9,50
熱暴走	12

ハ・ヒ

バージョン	26,41
バージョンナンバー	26
ハードウェア	8,58
ハードディスク	10,90,138,144,146
バイト	88
バイナリファイル	101
ハイバネーション	44
ハイブリッド・ブート	30
ハイブリッドスリープ	45
バグ	42
パス	103,104
パスワード	36
パソコン・プリンター用	
メモリー対応検索	23
バックアップ	130,135,136
バッテリー	48
ハンユニフィケーション	75
ビープ音	30,154
光メディア	139
ビット	24,88

ビデオカード	30
表示タブ	100
ピン留め	65,107

フ・ホ

ファイル	88
形式	94
関連付け	98
削除	118
種類	94,102
保存	91
復元	132
復元 (OneDrive)	134
履歴	130,132
ファイルシステム	120
ファイル名	92
ファイル名に使えない文字	93
ファイル容量の単位	89
フェッチ	12
フォーマット	120
フォルダー	103
フォルダーオプション	108
フォント	72
フォントスムージング	73
復元ポイント	158
プライベートモード	71
プラグ＆プレイ	32
フラグメンテーション	144,146
フラッシュメモリ	140
プラッター	138
フラットデザイン (フラット UI)	78
ブランド名	16
フリック入力	55
ブルーライト	66
プレインストール	59
プレビューウィンドウ	100
プレビュー機能	100
プログラム	8
プログラムから開く	98
プログラム内蔵方式	9,18
プログラムファイル	90
プロセッサー・ナンバー	16
プロセッサー・ファミリー名	16
保存	91,104
保存場所	103
ホットプラグ対応	33

マ・メ・モ

マイクロアーキテクチャー	16
マイクロソフト	18
マウス	56
マウスホイール	57
マザーボード	9,10
マシン語	20
マルチコア	15
マルチタッチ	51
メイリオ (Meriyo)	72
メインストリームポリシー	42
メディア作成ツール	25
メモリ	10,22,90
搭載量	23
メンテナンス	150
文字コード	74

モダン UI スタイル	39,64
モダンスタンバイ	46,61
モニター・プログラム	20
モバイル用 OS	21

ヤ・ユ・ヨ

夜間モード	66
游ゴシック	72
游明朝	72
ユニバーサル Windows	60
ユニバーサルリンク	99
よく使うフォルダー	106
予測入力	70

ラ・リ・レ・ロ・ワ

ライブタイル	64
ライブラリ	112
ランサムウェア	171
リーク電流	15
リチウムイオン電池	48
リフレッシュ	22
リボン	105
リボンの展開	105
冷却ファン	12
レジスタ	14,24
レジストリ	104,144
ローカルアカウント	34
ロック	44
ロック画面	37
ワイルドカード	124

■著者
唯野 司（ただの つかさ）

1963年生まれ。福岡県北九州市在住。長年、パソコンやインターネット関連の執筆にあたるかたわら、最近は企業内で仕事に必要なパソコンスキルの研修を行ったり、マネージメントにも携わる。主な著書に「わかったブック」シリーズ、『Windows7の"困った"を解決！トラブル回避とカスタマイズの極意』『パソコンの調子をとりもどす　Windows7のリカバリー＆バックアップ』『WindowsXPの迷わずできるバックアップとWindows8/8.1へのお引越し』『即戦力になるためのパソコンスキルアップ講座』（以上、技術評論社）などがある。

カバーデザイン ◆ LIKE A DESIGN 渡邉 雄哉
カバー・本文イラスト ◆ 加藤のりこ
本文デザイン・DTP ◆ 田中 望
編集担当 ◆ 熊谷 裕美子

根本から知って使いたい！
いまどきパソコン& Windows10は こんなふうにできている

2018年2月8日　初　版　第1刷発行

著　者　唯野　司
発行者　片岡　巌
発行所　株式会社技術評論社
　　　　東京都新宿区市谷左内町 21-13
　　　　電話　03-3513-6150　販売促進部
　　　　　　　03-3513-6166　書籍編集部
印刷／製本　日経印刷株式会社

定価はカバーに表示してあります。

本書の一部または全部を著作権法の定める範囲を超え、無断で複写、複製、転載、あるいはファイルに落とすことを禁じます。

©2018　唯野 司

造本には細心の注意を払っておりますが、万一、乱丁（ページの乱れ）や落丁（ページの抜け）がございましたら、小社販売促進部までお送りください。送料小社負担にてお取り替えいたします。

ISBN978-4-7741-9557-5 C3055

Printed in Japan

■問い合わせについて

本書に関するご質問については、「解説の文意がわからない」「解説どおりに操作してもうまくいかない」といった本書に記載されている内容に関するもののみとさせていただきます。本書の内容と関係のないご質問につきましては、一切お答えできませんので、あらかじめご了承ください。また、電話でのご質問は受け付けておりませんので、FAXか書面にて下記までお送りください。弊社のWebサイトでも質問用フォームを用意しておりますのでご利用ください。

なお、ご質問の際には、書名と該当ページ、返信先を明記してくださいますよう、お願いいたします。

お送りいただいたご質問には、できる限り迅速にお答えできるよう努力いたしておりますが、場合によってはお答えするまでに時間がかかることがあります。また、回答の期日をご指定なさっても、ご希望にお応えできるとは限りません。あらかじめご了承くださいますよう、お願いいたします。

■問い合わせ先

〒162-0846
東京都新宿区市谷左内町 21-13
　株式会社技術評論社　書籍編集部
　「いまどきパソコン& Windows10は
　　こんなふうにできている」係
　FAX番号　　：03-3513-6183
　技術評論社Web：http://gihyo.jp/book